麻理惠的怦然心動居家生活

學會整理，
就會喜歡自己

近藤麻理惠——著
甘鎮隴——譯

MARIE KONDO'S KURASHI AT HOME

HOW TO ORGANIZE YOUR SPACE AND
ACHIEVE YOUR IDEAL LIFE

麻理惠的怦然心動居家生活

學會整理，就會喜歡自己

近藤麻理惠

攝影： 娜斯塔西雅・布洛金（Nastassia Brückin）

泰絲・康瑞（Tess Comrie）

譯者：甘鎮隴

目錄

引言　整理讓你學會喜歡自己

什麼對你而言是最重要的？

「整理」不僅讓家裡變得井然有序，更能改變你的人生。

你覺得整理時帶給你最大的變化是什麼？

對一些人而言，整理能改善他們的工作表現或人際關係；而對另一些人而言，整理為他們帶來了婚姻，或發現了真正想做的事。

但在整理帶來的所有效果中，我認為最神奇的就是「學會喜歡自己」。透過選擇能帶來喜悅以及放下不會帶來喜悅的東西，在這過程當中，你會發展出選擇、做決定和採取行動的能力，進而培養自信心。

透過反覆詢問自己，什麼能激發喜悅、什麼不能，你會開始明白對自己而言最重要的是什麼。

喜歡上自己，也給了你情感空間，讓你想盡情享受每一天。

如果你正在學習如何透過能夠改變人生的整理魔法來激發喜悅，這本書正適合你。

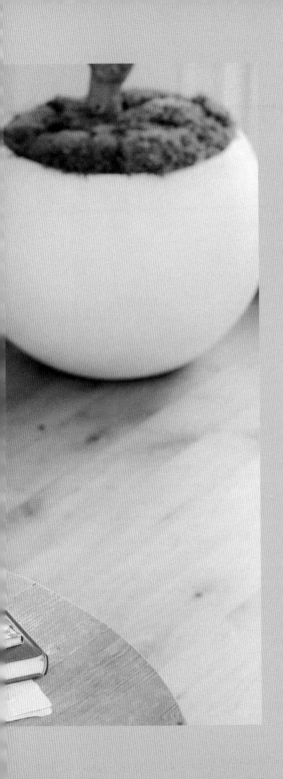

第一章
————

與自己對話

如果夢想能成真，
你希望過什麼樣的生活？

探索這個問題的答案，有助於為激發喜悅的生活奠定基礎。

這就是為什麼我首先請每一位客戶做的，是分享各自的希望和夢想。他們在描述一棟擁有大地色調可愛家具的華麗房子時，或有個可以烤蛋糕的大廚房時，眼睛都會閃閃發光。但不久後，他們會開始想到現實，眼中的光芒就此消失。「我住在小公寓裡。」他們會這麼說：「我怎麼可能把一個只有二十四坪大的房子建造成一座宮殿？我該現實點。」

從表面上來看，這似乎是完全合乎邏輯的結論，而且說實話，我有很長一段時間都不太確定該如何回應。我怎能要求我的客戶在他們的夢想上妥協？我怎能告訴喜歡印象派畫家雷諾瓦的人，用「更合適」的東西——例如日本雕版印刷——來裝飾單人公寓，並只專注於保持空間的整潔？這麼做永遠無法激勵他們去整理。光這麼想，就會熄滅最微小的喜悅之火。

在想像理想的生活方式時，究竟該放飛想像力，還是堅持可行性？這是個棘手的問題，我也為此思考了一段時間。

在日語中，「生活方式」（lifestyle）的對應詞是「暮らし」（kurashi）。我在思索這個詞彙時，意識到我其實並不知道這到底是什麼意思。我查了《大辭泉》辭典，發現一個有趣的事實。

根據辭典解釋，「暮らし」的意思是「生活的行為；度過每一天；日常生活；謀生」。動詞型態「暮らす」的意思是「消磨時間直到日落；度過一天」。換句話說，「理想的暮らし」的意思是「理想的消磨時間的方式」，也因此跟「理想的家」的意思截然不同。

這樣的認知讓我想起大學時與父母一同住在東京的家，雖然我有自己的小房間——這在日本的大城市可是極大的奢侈品，但我總是充滿更大的理想與抱負。我夢想擁有更大的房間、更可愛的廚房、陽臺上的小花園、更好的窗簾等。但是，廚房是我媽媽的領土，不容我任意侵犯。而且我的房間別說是陽臺了，連窗戶都沒有。

但是我對夢想和現實之間的差距完全不在意。我以前常常炫耀我多喜歡自己的房間。我喜歡是因為這是我自己的空間，可以享受理想生活方式的地方，無論是睡前用薰香放鬆，聽最喜歡的古典音樂，還是在床頭櫃上放個插著一朵花的小花瓶。

換句話說，理想的生活方式是指我們做了什麼，而不是我們住在哪裡。

我的客戶一旦整理好家裡後，其實很少考慮搬家或徹底重新裝修。他們表示最大的變化之一是如何運用時間。透過這些變化，他們開始愛上居住空間，無論是否符合他們的理想。

即使你沒辦法搬去新房子或公寓，你還是可以改變生活方式。你只需要生活得好像，你的空間就是你理想的家。這其實才是整理的意義。所以，在想像理想的生活方式時，請具體想想你想做什麼，以及想如何在家裡度過時間。

奇怪的是，許多客戶在結束整理並展開「理想生活」之後，真的搬進了理想的家——甚至得到了理想的家具。我數不清多少次聽見客戶對我說：「兩年後我終於搬到理想的家了！」或是：「朋友將我一直想要的家具送我了！」這是我在工作中目睹的諸多奇怪而奇妙的整理效果之一。

相信與否，完全取決於你自己。但既然下定決心改變，何不盡情想像你心中最理想的生活？

你是否已經放棄追尋理想居家？

雖然透過改變運用時間的方法，可以讓自己越來越接近「理想生活」，不過，我並不是建議你放棄對理想家園的願景，用更「現實」的東西取而代之，這樣反而會破壞「透過整理來激發喜悅」的整體概念。那麼，怎麼做才能實現「理想居家」？例如，把鋪著榻榻米的和室打造成洛可可居家風格，這麼做可行嗎？以前我也一直認為這是「不可能的任務」，但其實沒有任何事是不可能做到的。

集英社出版的《美輪明宏時尚大圖鑑》是我很喜歡的一本書，在日本享有盛名的美輪先生在書中介紹自己年輕時住過的一間和室，雖然只有三坪大，但居家布置的品味十分出色。他在厚紙板上貼了布，鋪在榻榻米上，做出地毯的感覺，還在紙門上貼著格子圖案的布，並搭配女明星的照片。窗戶掛著粉紅色手工窗簾，衣櫃和留聲機等物品也用油漆重新上色，或用緞帶裝飾。在相片中，這個房間宛如華麗的歐洲城堡，看起來一點也不像和室。

書中寫道：「無須強迫自己搬家，也不用花錢布置，只要發揮巧思，多下點工夫打造居家風格即可。」時至今日，這本書的觀念深深鼓勵了我。

我是在大學時看到這本書。當時我加入學校的新聞社，美輪先生受邀在校慶活動演講，於是社團便指派我去採訪他。

美輪先生與我過去認識的人截然不同。採訪時他早已先在房間裡噴上玫瑰味道的香水，而且用字遣詞優雅有禮。我被他的個人魅力吸引，這次經驗讓我永難忘懷。當時心想：原來這就是「真正的大人物」。

我當時雖然還是學生，但已經開始從事整理顧問的工作，也注意到一個人的家會充分體現出居住者的風格。我很想知道美輪先生住在什麼樣的家，於是才找到《美輪明宏時尚大圖鑑》這本書。

從此，我著迷於觀察人們的生活，而我發現讓我讚賞的人，他們的家都有一個共通點，這個共通點不在於空間有多大或家具有多豪華，而是「渴望」生活在什麼樣的空間裡。這種渴望體現於他們不遺餘力地實踐自己的夢想，只尋找並選擇真正喜歡的東西，即使是不起眼的小型收納家具。他們熱中於改造現有的物品，對待自己的家和財物的方式充滿尊重與關懷。

或許有些讀者看到「渴望」這兩個字會覺得有點排斥，但不可否認的，追尋理想居家的渴望，能讓一個人湧現出對於「家」的堅持與熱愛。

這就是為什麼我呼籲大家不要放棄追尋理想居家。在想像「理想居家與生活」的時候，請拋開所有顧慮。請在網路上、書本或雜

誌，盡可能收集漂亮房子或美麗旅館房間的照片，花時間慢慢欣賞，想像真正能讓你怦然心動的家。但請留意不要將漂亮的房子拿來與現在的房子相較，而讓自己感到灰心。

我以前也曾經討厭自己住的家，那個時候只要看到過著優渥生活的人住的環境，我就會覺得「好羨慕」，或是覺得「自己不可能過那樣的生活」。這些想法讓我變得非常緊繃，以至於無法感受到那些照片在我身上自然激發的喜悅。看著漂亮房子的照片，其實能幫你了解什麼樣的生活空間能帶來喜悅，並讓你對喜悅變得更加敏感。正面思考是很重要的，所以請放棄與他人比較或貶低自己的習慣。你該做的，是在所見事物的本能反應中尋找線索，無論是牆壁的顏色還是你想嘗試設計的構想。

請自由想像心目中「如果能住在這種地方有多好」的生活空間，讓你的心充滿喜悅。

別擔心。只要多下點工夫、多用點心，你一定能改造目前居住的空間。

你真正想整理的是什麼？

請告訴我。你為什麼決定整理？

問到這個問題時，一般人會專注於「整理眼前空間」的欲望。他們會說「我想把家裡整理乾淨」，或是「我想要減少找東西的時間」。

這類想法當然沒有錯，畢竟整理家裡這件事本來就是物理性作業的身體勞動。

但你既然要施展「怦然心動的整理魔法」，整理前不妨花點時間好好思考幾件事。

我每次上整理課時，都會問客戶這些問題：

你是否從小就善於整理？

你現在做什麼工作？

為什麼選擇現在的工作？

休假時你都做些什麼事？

你從何時開始從事自己喜歡的興趣？

做什麼事情時最能令你感到開心？

有些問題乍看之下與整理毫無關係，我會視實際情形，花一個小時好好與客戶談心。我問這些問題不是想滿足自己的好奇心，而是為了讓整理過程更加順利。

客戶在整理某類物品的過程中，例如衣服或書籍，經常會碰到「整理得很緩慢，遲遲沒有進展」的情形。有些客戶就是無法丟衣服，有的人就是喜歡囤積大量清潔劑。而就像肌肉之中的氣結，這些地方就是整理的「堵塞」點。

凡是出現特定「堵塞」點的人，在人際關係、工作或其他生活領域中，一定也會遇到「遲滯不通」的難關。對一些人而言，癥結點可能是「覺得現在的工作枯燥乏味」，對另一些人而言，問題可能是「無法與母親和解」，或是需要跟配偶或伴侶討論某件事，但一直拿不出勇氣。

不論當事者是否意識到這一點，一定要先「疏通」生活中的「堵塞」點，才能從根本解決問題，這就是我在整理前問客戶問題的原因。不過，我並不會當場給予任何意見或思考解決之道。我做的，只有問問題而已。

在整理之前，先提醒客戶留意自己內在「尚未整理好的部分」，就能迅速提升後續的整理進度。了解自己為什麼捨不得丟東西，察覺自己的執著心，就能讓整理進入更深的層次。

對待物品的方法其實與人際關係、工作、生活型態息息相關。從「物品」和「自己」兩方面雙管齊下，舒緩「僵硬」點，才是真正有效率的做法。

整理就是整頓、清理所有的人事物。那麼，你現在最想整理的究竟是什麼？不妨再次好好思考。

怦然心動整理法

如果你讀過我的其他著作，你就會熟悉我的「怦然心動整理法」（The KonMari Method）—— 你也可能已經親自嘗試過了！怦然心動整理法的基礎是一口氣檢查你所有的物品，按以下順序逐個類別進行：

衣物

書籍

文件

小物（雜物）

紀念品

首先，將一個類別的所有物品收集在同一處，然後觸摸每一樣東西，看看是否令你怦然心動。如果是，請自信地留下。如果不是，就放手讓它走吧。這個過程能徹底改變你的心態，讓你永遠不會回到混亂狀態。這就是為什麼我稱之為「整理慶典」。這是改變人生的重大事件，所以值得慶祝。這也是一個機會，能讓你感謝並紀念那些曾帶給你喜悅、但已經完成階段性目的的物品。

可是你要怎麼知道什麼東西能激發喜悅，什麼不能？光是看著物品是沒用的——你必須拿起來，拿在手心上。接觸到令你感到怦然心動的東西時，幾乎會本能地知道。你可能會感到一陣興奮，歡快的幸福感，或是放鬆感。你整理東西是因為你想過上快樂充實的生活，所以當然該問自己，想保留的東西是否能讓你怦然心動。思索你想在人生中保留什麼，就等於思索你想如何度過你的人生。

隨著你在整理過程中的進步，你將能更清楚看到需要保留什麼，該放開什麼，想繼續做什麼，又應該停止做什麼。做出這樣的決定需要很大的勇氣，但請對自己有信心。一旦學會只選擇最喜歡的東西，你就能過上怦然心動的生活。不論別人怎麼説，請自信地留著你選擇的東西。當你珍惜擁有的東西時，就會被寶藏包圍。照顧好你愛的東西，意味著你在傾聽並照顧好自己。

整理是否讓你心力交瘁？

「我今天什麼也沒整理好。」

「再這樣下去我永遠整理不完。」

「還要多丟一些東西才行。」

「家裡還要更清爽一點。」

「整理」這件事是否讓你感到心力交瘁？

投入全部心力整理家裡，停下來才發現，只想著要減少物品，或是察覺永遠整理不完，不禁對未來感到不安⋯⋯從我收到的信件來看，很多人都有這種感受，但這實在可惜。

因為整理原本應該讓我們自由地享受每一天，如果忘了為何要整理，忘了自己想要的生活方式，或在整理過程中所處的位置，就會開始忽視喜悅感。如果你遇過這種情況，無須驚慌。

在整理之外的領域，我也經常處於同樣的狀態。舉例來說，我很喜歡工作，卻老是把行程排得太滿，一點喘息的空間都沒有；明明人際關係相當順遂，卻感到一股莫名的不安；平時完全不在意的小事，有時候卻讓我忍不住大發雷霆。我們的第一個孩子出生後，我一開始努力做個能兼顧育兒、家務和工作的母親。但相對地，我最終筋疲力盡。身為整理專家，我有時會給自己施加壓力，期望我的房子應該永遠井井有條。

然而，在這種時候，我學會了先停下來，提醒自己不要追求完美。

如果你發現時間或情感空間已掏空，我建議你放開一些東西。訣竅是在任何一天決定你的底線是什麼。就我而言，底線是孩子的健康快樂，而且我不會感到疲倦。如果玩具散落一地，但我累得沒辦法立刻處理，我會提醒自己就別收拾了，直接去睡覺也沒關係。相反地，如果亂七八糟的居家環境持續太久，讓我開始感到難受，我會重新安排日程，空出一天時間把東西整理好。

當我感到不知所措，幾乎要迷失自我時，我會花時間把所有壓在身上的負擔寫下來。

我和丈夫每天都會互相關心彼此的工作日程和任務，詳細記下當天和隔天需要做的事，甚至包括把髒衣服扔進洗衣機、把洗好的衣服放進烘衣機之類的瑣事。清單能確保我不會忘記需要做的事情，完成後劃掉每一個項目，也給我一種成就感。如果某些待辦事項在一天結束時沒能被劃掉，也沒關係。清楚知道接下來還需要做什麼，總好過每次經過房間、看到裡頭需要整理而產生一種「我忘記做某件事」的焦慮或沮喪。

把事情寫下來，這麼做不僅能幫我安排時間，還能整理我的感受。我多年前就養成了這個習慣。每當我發現很難保持冷靜、似乎就是無法原諒某人，或當諸多想法一個個冒出來、要求我集中注意力時，我會坐在從大學時代用到現在的可靠寫字檯前，對著電腦螢幕，用大量文字傾訴我的想法。而且我知道除了自己之外，沒有人會讀到。

你如果無法辨認出自己的理想是什麼、夢想總是原地踏步，或心中浮現出重要字句時，我建議不要用電腦，而是以手寫方式記錄下來。你甚至可以在不同的地方專心寫東西，像是找一間安靜的咖啡館，或坐在公園長椅上。

以我自己來說，我會視情況寫在萬用手冊、筆記本或廢紙上。為了記下「不會激發喜悅」的想法，我發現最好的紙張是傳單，或其他註定要回收的印刷品空白面，這樣就不會像在使用正式的筆記本時要求自己寫整齊。雖然我不會費心在手頭儲備這樣的紙，但在需要時總是很容易找到。

無論你選擇哪種方式，都一定會在流淌於頁面的文字中發現你不知道的感受及背後原因。有時候，寫出的內容可能會讓你尷尬得臉紅，或開心得容光煥發。你不覺得這有點像在「整理慶典」期間，把所有的物品集中在同一個地方嗎？

所以，如果整理開始讓你感到壓力，休息一下。給自己泡杯茶，停下來思考一下生活方式和周圍的事物。請記住：整理的目的並非一味減少物品，也不是單純想要一個清爽整潔的空間。整理的最終目標，是為了怦然心動地過每一天，擁有怦然心動的人生。

你有沒有為整理設定期限？

一口氣迅速整理好東西。

這是怦然心動整理法的關鍵，但人們常常會問我：「『迅速』是指多久？」

答案因人而異。

有些人能在一週內完成，有些人則需要三個月，甚至半年。但重要的是，決定什麼時候完成。如果沒有明確的期限，人類的天性就是會無限期拖延下去。

雖然我不好意思承認，但就我而言，最會拖延的事情就是寫書。我的第一本著作就是一個例子。出書計畫始於在出版社辦公室的一次會議。我高談闊論了兩小時，向編輯解釋正確的整理方法、整理後的生活有多令人怦然心動。編輯被我的熱情打動，建議我先將自己的想法寫下來。我就這樣在沒有設定截稿日期的狀況下開始動工。

當天一回到家，原本在會議室裡慷慨激昂的熱情早已冷卻。天生「整理命」的我，根本不可能安靜坐在電腦前打字，所以每天都找藉口不寫稿。

就這樣過了兩個星期，我寫了一封電子郵件給編輯，很慚愧地告訴對方「我一個字都還沒寫」。那時我真是羞愧到沒臉見人。

後來我便請編輯幫我詳細規畫截稿期，有時也會主動提出適合的截稿時間。老實說，我還是改不了截稿前夕才匆忙趕稿的習慣，但至少再也沒出現「零進度」的窘境。

與我不同的是，整理並不是你的職業，這就是為什麼你應該設定期限——如果你還沒這麼做的話。

如果你發現很難靠自己維持動力，可以試著告訴你的朋友或家人。你甚至可以在社群網路上發表聲明，宣布你打算在年底前整理完成。雖然這可能不像工作截止日那樣具有約束力，但你一想到「人們會想知道這事進行得如何」，就會激勵你開始著手進行，而且幫助你完成。

以前我有位客戶，她下定決心在育嬰假期間完成整理，速度之快真的令我大開眼界。只見她拿起物品喃喃自語著「心動」「不心動」，速度之快讓我根本看不清楚她的手部動作。就在育嬰假只剩幾天、即將重返工作崗位之際，眼看著整理結束日迫在眉睫，她卻說：「今天的午餐我一定要吃那家的咖哩，育嬰假結束後，我就再也吃不到了。」我其實擔心吃午飯會浪費寶貴的時間，但她還是設法完成了整理工作。

人是一種很有趣的動物，當知道必須在期限內完成某件事時，就會湧現出比過去更強的幹勁。所以，你何時想完成「整理慶典」？請立刻打開行事曆，寫下「從整理慶典畢業」的日期。沒錯，就是現在！

你打算從什麼時候開始整理？

你預計什麼時候開始？什麼時候完成？

這些問題看似相近，其實截然不同。每次我問客戶這兩個問題，從得到的答案中也看得出明顯差異。說到打算什麼時候完成時，他們會興奮得容光煥發：「我希望在年底做完，明年我要成為全新的自己，把自己嫁掉！」「最好能在下次生日前完成！如果能成真，我要送自己一組一直很想買的茶具組當生日禮物，在裝飾著花朵的房間裡悠閒地喝杯茶。」每個客戶臉上的表情都散發出耀眼光芒，用力在萬用手冊寫下「從整理慶典畢業」的日期，同時訴說著往後的夢想生活。

但我問客戶：「你要從什麼時候開始整理？」得到的答案通常是這樣：

「我看看……這個月的週末都安排行程了，而且暑假我想去旅行……」

「前一晚要聚餐，所以第二天可能會很累，當天傍晚可能也會有其他約會……」

他們總會一邊看著自己的行事曆，一邊面有難色地觀察我的反應。

原因很明顯：整理的「畢業日」讓人看見夢想，「入學日」卻完

全是現實考量。正因如此，決定「從何時開始整理」，確實會讓人提不起勁

順帶一提，我經常在客戶家裡的月曆上，看到每個月的行程表。有些客戶會寫「整理課，加油！」的話語鼓勵自己，這還算是好的；有些人會在日曆上畫一個代表「危險」的交通號誌，也就是菱形裡有驚嘆號的圖樣。最令我震驚的是，我曾經看過有人親手畫出骷髏頭圖案……我是來上整理課的，卻被當成危險人物看待。我詢問客戶為什麼這麼做，他們跟我說：「因為我不確定之後會發生什麼事。」或是：「一旦要做就必須拚命完成。」認真的表情連我也嚇了一跳，差點拿不住手中的塑膠袋。對多數人而言，「開始整

理」會需要投入心力，做好心理準備。

不可否認地，確實有些人一旦決定開始整理就立刻動手，什麼也不想地將所有衣服放在一處，開始確認心動與否。不過，想到就做的人並不多。

大多數的狀況是，他們會呆呆盯著萬用手冊，想辦法調整預定行程，有時還要請年假，或取消原本的約會，特地空出時間整理。上課時一看到我就說：「我昨天整理到半夜兩點。」「我昨天一整晚都沒睡。」看到客戶一臉沒睡飽的樣子，我真的很想挖苦他們：「距離上一堂課已經過了一個多月，居然昨天才在整理！」不過回頭看我自己，我在寫書時也是一到截稿期就熬夜趕稿，看來「臨時抱佛腳」是所有人的通病！

這就是為什麼我鼓勵你現在就做出承諾。請將「工作忙碌」這類無法避免的理由放在一邊，打開行事曆好好確認行程。我保證：整理一定會結束的。而且你並不孤單。全世界有許多人都跟你一樣，每天努力整理自己的家。

請告訴我，你打算從什麼時候開始整理呢？

問問麻理惠

我的伴侶生活方式很凌亂，我無法保持家裡整潔。求救！

如果你和其他人住在一起，像是你的伴侶或家人，保持房間整潔的訣竅在於確保每樣東西都有容易識別的專屬位置。重點是一看就知道每樣東西屬於哪裡。如果這方面不清楚或經常變化，或連你自己也不確定某樣物品屬於哪裡，那麼試圖說服別人收拾東西就會是條漫長而艱難的路。

我的建議是，確定你能完全控制哪些空間，並徹底整理。這個空間可能是你的壁櫥、書櫃，也可能是用於追求個人興趣的房間或指定區域，但它們應該是你可以隨時保持整潔的空間。從這些區域著手，你就能對整理的基本面有所了解，並獲得一些安心感。然後從這種心態開始，你可以開始思考和其他人共享的空間。很多人的做法恰恰相反：他們試圖先處理屬於其他人的空間。如果你也是這樣，請先問問自己：「我自己的空間是否井然有序？」

想改變其他人很難，但我們能改變自己。因為整理的目的是創造一種能激發喜悅的生活方式，所以我們必須面對自己，整理好個人空間。如果你和別人住在一起，先別在意他們在你整理過程中搞出來的雜亂。唯有花時間整理好自己的生活，才能體會到整理的樂趣。

一旦你發現整理是種愉快的體驗，而不是痛苦又惱人的苦差事，一旦能真正將這個概念轉化成行動，你的能量就會改變。如此一來，和你一起生活的人也會逐漸開始收拾。整理似乎會引發連鎖反應，這是我經常目睹的真實狀況。

發生變化的時機因人而異。對一些人而言，一旦他們開始整理，這種變化就會發生。對另一些人而言，這種變化可能要等到整理完的半年後才會發生。但無一例外的是，與他們同住的人會開始主動收拾。

「整理」與「我們的家和家人」之間，既不是短期，也不是膚淺的關係，所以請務必記住，你正在創造一種讓整個家庭都能怦然心動的生活方式。請與你愛的人尋找合適的機會，分享關於這種生活方式可能是什麼模樣的想法。

如果每一樣東西都令你怦然心動呢？

如果你真的覺得自己擁有的一切都能激發喜悅，這是好消息！如果是這樣，那我們就改變整理的前提。你不需要考慮扔掉任何東西。重要的是珍惜擁有的每一件物品，並且在家裡感到舒適快樂。如果你在整理完一切後，每一樣東西都能讓你怦然心動，這絕對是好事。

如果是這樣，我會建議你稍微改善收納方式。請專注於如何以讓你怦然心動的方式收納物品。例如，更清楚地識別類別，並細心選擇每件物品的保存位置。把抽屜裡的物品豎直存放並排列整齊，好讓你每次打開抽屜時都感到怦然心動。請樂於探索存放你喜愛並珍惜的所有東西的最佳方式。

我遇到很多人堅持他們不能扔掉任何東西，因為「每一樣東西都讓我怦然心動」，後來卻發現這並不完全是事實。在遵循了怦然心動整理法後，一次一個類別，收好所有東西，觸摸每件物品後，他們意識到有些不再令他們感到興奮——即使是最喜歡的收藏品。雖然這些物品的數量可能很少，但重要的是重新評估我們喜歡什麼和不喜歡什麼。唯有透過這樣的過程，才能創造出需要的條件，讓所有東西都能真正地令我們怦然心動。如果你只是剛嘗試整理，並非一頭栽進這個過程，而覺得每一樣東西都令你怦然心動，這可能表示你並不完全了解自己擁有的東西。

有個好指標能讓你確認是否「擁有的東西都令你怦然心動」，那就是在家中是否感到快樂又滿足。

第二章
———

與你的家
和物品對話

本章將幫助你深入了解你與你家和物品的關係。回想你擁有的東西所激發的回憶和感受，這麼做會加深你對整理的理解。

如果你的家有個性，會是什麼樣的人？

每個家都有自己的人格與個性。

一聽到這句話，可能許多人會覺得錯愕與難以理解，但我一年到頭都在客戶家中教導他們如何整理，這是我最真實的感受，就算我說不出為什麼。

有些家很女性化，有些家很男性化。有的家青春洋溢、活潑大方，有的家成熟穩重，令人安心。不僅如此，也有個性獨特的家，例如愛說話、沉默寡言、充滿畫面等。每個家的個性與溝通型態都不一樣。

有鑑於此，我在上整理課時，一定會先了解這次要面對的是什麼樣的家。方法很簡單，就是「跟房子打招呼」，請這個家在整理過程中幫助我們。我從得到的回應，會讓我對這個家的個性有所了解。我並不是試著分析或將房屋分類，只是想了解每個家是什麼樣子，就像我們可以透過對話來感知一個人的本性。

各位可能會懷疑:「了解一個家的個性有什麼用?」老實告訴大家,一點用處也沒有。不過,根據我的經驗,一開始如果能先與家好好對話,往後遇到「不知該如何處理的收納問題」時,家通常會幫助我想出解決之道,例如用什麼方式存放某個區域的東西。

我得出的結論是:家,其實是相當溫柔體貼的。每當我在工作上遇到問題,一回到家就會感覺到一股溫柔的力量擁抱著我,第二天早上所有煩惱都不見了。

你何不試著做做看?

你的物品是否多到無法呼吸？

衣櫥裡塞滿各式各樣的衣服，隨興堆放在地上的書籍與雜誌，還有一直放在櫃子上的小東西。

你家中的物品是否擁擠到無法呼吸？請打開你的耳朵，仔細聆聽每一件物品的心聲。你如果懷疑人類怎麼可能有這樣的能力，不妨試試看我的絕招「一人戲劇社」。請先關掉正在播放的音樂，仔細環顧居家空間，無論看到任何物品都想像自己是它，並開口說話。說出你會想脫口而出的話語，例如，「我身上的東西好重，壓得我好痛苦」，或是「我希望能收進那個抽屜裡」，或甚至是「我現在的狀態好舒服喔，感覺很自在」。將心裡所想的直接演出來，慢慢開始了解物品的感受。

每天持續演十次、二十次，久而久之，當你的演技日漸成熟，應該會得到一些重大發現。也許一些東西在訴說想被如何收納，而另一些則在宣布它們在你生活中扮演的角色已經結束了。你甚至可能會獲得一些靈感，關於明天需要完成什麼，或你想在生活中做什麼。

你擁有的物品都希望能為你所用，所以請好好思考，怎麼做才能讓這些物品生活在更舒適的空間。這就是思考收納的本質。將所有物品收在該有的固定位置，這種神聖的儀式就是收納。為了徹底完成收納，請務必充分想像物品的感受。當你能設身處地為物品著想，我希望你會發現整理並不是單純的收納技巧，而是與物品進一步溝通的行為。

到目前為止，你用得最久的物品是什麼？

請各位環視一下自己的家。在所有物品中，陪伴你最久的是哪一個？我說的並不是連自己都忘記它存在的東西，而是隨時放在身邊使用的物品。

我個人用得最久的物品是裁縫箱。那是我小學一年級時，父母送給我的聖誕禮物。這個裁縫箱曾經因為蓋子上的五金零件壞掉送修，因此有幾處小洞，儘管如此，我還是很喜歡箱子的深褐色木頭紋理以及花朵木雕圖案。我曾經拿來放化妝品，但現在再次當成裁縫箱使用。

我的裁縫箱一路見證了發生在我身上的悲歡離合，一想到它看到了真實的我，就覺得很難為情，但也像是擁有一位值得信賴的好朋友，在它面前我無須遮掩。我看到它的時候會感到非常自在，相信它會接受我真實的模樣，包括我所有的缺點。

若是你也有類似的物品，請從今天起懷抱著「相交一生」的想法，好好珍惜愛護。這樣物品長久以來陪伴在你身邊，證明了它一直默默守護著你。現在正是你報恩的時候了。

我相信好好愛護一樣物品，能加深自己與物品之間的關係，接著就能進一步加深與其他物品之間的關係，讓彼此閃閃發光。

有沒有什麼東西是你莫名喜歡、
刻意保留下來的？

每次我問客戶：「你是否曾在看到某件物品時，感覺到命運的安排？」得到的答案通常可分成兩種。第一種屬於「乾柴烈火型」，以第一眼見到時的興奮之情為主，例如：「第一眼看到的瞬間，腦子裡響起一陣轟隆聲，讓我心跳加速。」第二種則是「細火慢燉型」，細數長久相伴的溫馨時光，像是：「一回頭我才發現這樣東西已經陪伴我超過二十年了。」我覺得第二種很有意思。

有趣的是，當我問細火慢燉型的人，記不記得第一次遇見物品的情景，大部分的人都回答「我不記得了」「沒什麼理由就買了」，感覺一點也不心動。我是在開始從事整理顧問的初期發現到這點，當時我還是大學生。在電視劇和漫畫的影響下，我一直認為「一見鍾情」這個答案才是真正的吸引力，所以當我發現有細火慢燉型的人存在時，感到相當新鮮。

這讓我不禁納悶，我是否已經擁有一些註定要屬於我的東西，只是還沒注意到。經過反思，我意識到自己確實擁有這種東西——我的萬用手冊。

我從國中開始就使用同一個系列的萬用手冊，一直到快三十歲，前後加起來使用超過十五年。每次遇到國中同學，他們一看到我還在用同一款萬用手冊都驚訝地說：「妳還在用啊？」它的大小就跟以前的錄音帶一樣，可以放在口袋裡隨身攜帶。設計相當簡

單，只能記錄以月為單位的行程。但內頁皆為彩色印刷，而且每個月都印有令人噗哧一笑的漫畫圖案，每處細節都讓我心動不已。

現在我使用更大的萬用手冊，因為我的行程安排真的太複雜，塞不進小冊子裡。但我的第一本萬用手冊實在很完美，以至於我確信與它的相遇乃是命運的安排。不過，無論我多麼努力回想，還是想不起來當初為什麼會買。

這讓我覺得，或許相遇時的震撼性，與想不想擁有它一輩子沒什麼關係。我不禁好奇，也許同樣的道理也適用於「遇見真命天子」，所以我在上整理課時，只要整理出客戶與另一半之間充滿回憶的紀念品，就會順道問起兩人初次相遇的瞬間。大多數客戶的回答是「他是我的同事」「不知不覺就在一起了」「第一次見到他時其實沒什麼印象」，接著幾乎都會補充一句「我們在一起是很自然的事情」。

我和丈夫卓巳的關係也是細火慢燉型。我是在大學期間的學生求職社交活動中認識他，之後我們保持聯繫，偶爾見面，可能一年一、兩次，就這樣持續了大約八年。

在我看來，無論對象是物品還是人，我認為「相伴一生」的深刻緣分與相遇時的震撼程度無關，適不適合才是關鍵。

你是否擁有某件東西，
在看到的那一刻就覺得「看對眼」？

有些東西，是在看到的那瞬間就覺得「看對眼」，立即意識到這完全適合自己，一眼就覺得「這是為我量身打造」，或是覺得這物品在對你說「帶我回家」！

我問過許多人，讓他們一見鍾情的寶物各有不同，包括白色皮革包或鑲有藍色寶石墜飾的飾品等配件，還有馬克杯、沙發、觀葉植物等。其中有些客戶「只要看到有感覺的物品就會立刻買下來」，但即使是「怦然心動感受度」沒那麼高的人，相信一定也有對某項物品一見鍾情的經驗。對我而言，讓我一見鍾情的寶物，是學生時期與家人一起旅行時遇到的一幅畫。

當時我在街上閒晃，偶然逛進一間生活用品店，在店內深處發現了一幅以《愛麗絲夢遊仙境》為主題的畫作，完美的構圖深深震撼了我，完全無法移開目光。我就這樣考慮了三十分鐘，不斷進出店裡，煩惱要不要買，最後還是下定決心買下來。當我把畫帶回家掛在房間牆上時，第一次感受到「我擁有了理想房間」的滿足感。我以前從沒有過那種體驗。儘管這幅畫讓我擁有如此強烈的興奮感，但我曾經送出去過。有一次，我聽說某位客戶的女兒很喜歡《愛麗絲夢遊仙境》，於是把這幅畫送給她。當時距離我買下畫已過了五年，不知道為什麼，我那時一直覺得「這幅畫跟我緣分已盡」。不過，就在畫從我房間消失的那一天起，開始發生不可思議的事：不知道為什麼，我一直夢見這幅畫。

剛開始我以為是自己想太多，但那幅愛麗絲的畫還是每天不斷出現在我夢裡。就這樣過了一個星期，媽媽突然打電話給我，跟我說：「麻理惠，妳那幅愛麗絲的畫還在家裡吧？」

「什麼？嗯……」

「我這幾天一直夢見那幅畫，我覺得那幅畫對妳很重要，妳一定要像以前一樣好好珍惜喔！」

掛上電話後，我覺得這件事的背後一定有什麼涵義，於是立刻聯絡那位客戶，向她說明事情原委後，她很樂意把畫還給我。現在回想起來，我還是搞不清楚當時做的夢要告訴我什麼。不過，就在那幅畫又回到身邊之後，我的工作開始出現轉機，所有事也變得更加順利。這些轉變讓我深刻感覺到，那幅畫可說是我的守護神。

從那以後我就一直帶著這幅畫，當我結婚和搬到美國的時候，我也一直留在身邊。每次看到畫的感覺，與其說是心動，不如用「深深的安心感」來形容更為貼切。

只要是與你有緣的物品，該遇見時一定會遇見，就算中間曾經分離，最後也一定會回到你身邊。如此一想，你是否也覺得與物品相遇的緣分真的很不可思議呢？

第三章
————
想像理想居家

在本章，你將想像理想的家，一次想像一個空間。我會用我自己或客戶的生活空間為案例來介紹，幫助你想像理想的家可能是什麼模樣。

玄關是一個家的門面，也是最神聖的場所

家的入口應該讓我們心中湧現出回家的安心感，一踏進玄關就想對自己的家說聲：「我回來了！」乾淨整潔，讓客人覺得愉快且受到溫暖的歡迎。這就是我理想中的玄關。

例如，地面永遠保持潔淨，整齊排列著與家庭成員人數相符的鞋子，多出來的則收進鞋櫃裡。空氣中有股薰香或線香的淡淡香氣，地上鋪著有品味的玄關墊、旁邊裝飾自己喜歡的畫、明信片與當季鮮花，一進家門就會看到令自己心動的物品，配合新年、萬聖節、聖誕節等節慶，點綴應景物品，享受四季更迭的自然流轉。

有次我到某個客戶家中，她家的玄關令我印象深刻。玄關放著大型玻璃櫃，裡面是男主人親手做的大船模型；玻璃櫃旁邊則擺著她親手做的應景花飾。由於他們的小孩已經長大搬出去，夫妻兩人便一點一滴地布置家中，每天都會跟自己的家打招呼。我還記得夫妻倆面帶微笑告訴我：「每次從外面回來，一看到玄關就覺得很開心。」

玄關是家的門面，也是最神聖的場所。關鍵在於，以簡單裝飾為原則。

打開家門時，你想看到什麼？走進去時，什麼會讓你怦然心動？某種特殊的香味、風格，或裝飾品？也許你想添加長椅或採用不同的鞋子收納方式，來重組和簡化進入家中的過程。

你家的入口就像神社的大門

我是用擰乾的溼抹布來擦拭玄關的地板。雖然這習慣看起來很麻煩，但如果你也想過著怦然心動的生活，我建議各位一定要養成擦拭玄關地板的習慣。

我是從高中時開始這麼做的。當時看了一本關於風水的書（書名我忘了），書中寫道：每天擦拭玄關地板可以增加好運。我記得作者的觀點是，玄關在整個家裡的地位相當於一家之主的臉面。每天擦拭玄關，隨時保持一家之主光鮮亮麗的外表，就能提升房子的品格，從玄關引進好運氣。

我那時候完全遵循作者的建議，心想：「原來玄關地板就是爸爸的臉！」我在擦拭這一處時想像我在幫他擦臉。但這種想法好像對爸爸不敬，於是我決定屏除雜念，專心擦地。

我很驚訝地看到抹布總是弄得髒兮兮，就算每天都擦也是一樣。我當時心想：「一個人在外面奔波一天，原來會帶回這麼多髒汙啊！」「每天洗去身上的汙垢，讓自己煥然一新之後，又能再次充滿活力，外出工作，這就是人類的生存之道啊！」當時我穿著高中制服，手拿著抹布擦地，思索人生的意義，那個模樣一定很搞笑。

擔任整理顧問之後，我也借用那本書的觀念，告訴客戶：「每天擦拭玄關的地板可以提升好運喔！」有一次，客戶還這麼回應我：「這麼說來，玄關前的地板就像神社的鳥居一樣囉！」她說的沒錯！我以前在神社擔任巫女，聽前輩說過，參拜神社時如果從鳥居底下穿過，可以袪除身上的汙穢與厄運。同樣的，每次經過玄關的地板，就能帶走我們累積了一天的汙垢。

另一位客戶觀察到，擦拭玄關地板的這個動作能擦掉我們對自己的罪惡感和愧疚感。她意識到，如果看到玄關地板沾染髒汙，她就會覺得自己是個「沒有用的人」。（不知道為什麼，擦拭玄關地板的這種習慣往往會激發出這樣的哲學見解。）

每天將玄關地板擦得晶亮，就能對自己有信心，因為我們知道自己什麼也沒隱瞞。與此同時，還會把自己的家視為神聖的場域。也許這個小小的空間真的能讓我們洗滌心靈。如果是這樣，那麼保持玄關清潔，果然會提升我們的好運。誠如日本人常說的「幸福從玄關降臨」，維持乾淨的玄關，一定會讓人覺得家裡的通風變順暢、氣氛變得輕鬆自在。你是否也想將家裡打造成像神社一樣的能量點？如果是，請務必養成每天擦拭玄關地板的習慣。

把客廳打造成「全家可以開心聊天的空間」

你的客廳是與家人、朋友，甚至與自己產生連結的地方，也可以作為放鬆和談笑的空間。在自己家裡，我把客廳打造成遊戲空間，讓我們能在晚餐前後與孩子們共度時光。我們會在這裡讀故事書給他們聽，也喜歡在這裡看他們唱歌跳舞。這個空間幫助我們的家庭創造歡樂時刻。我們在電視旁邊留出位置擺放相片，設計了一個角落來展示孩子的手工藝品，也為季節性裝飾品安排了一處，不時更換以配合聖誕等節慶。

孩子們出門上學時，客廳成了我喝茶放鬆的寶貴場所。電視遙控器、報紙、看到一半的雜誌都有固定的收納位置，整個空間總是維持乾淨整潔的模樣。你可以使用隱藏的收納空間，例如茶几底下的櫥櫃或隔間，或是將物品放在能讓人怦然心動的托盤上。請使用狹窄的籃子將遙控器放在視線之外，好讓空間看起來更整潔。我喜歡用一瓶漂亮的花來裝飾客廳的空間，一個角落放著一株我最喜歡的室內植物。我每次澆水會對植物說說話：「你今天還是這麼有精神。」「謝謝你讓家裡的空氣這麼清新。」根據心情，我會放一些古典音樂或爵士樂，在沙發上放鬆一下，暫時放下工作。

有些人告訴我，他們的客廳是真正能讓他們感到怦然心動的地方，我發現這些人通常會在客廳創建自己的小小藝術畫廊，選用帶來美感之物，像是繪畫、可愛的物品或季節性的鮮花。

有個客戶喜歡閃閃發光的東西，在窗戶上放置了反射陽光的裝置，在電視機上擺放大型水晶和玻璃飾品，還在一面牆上放置了以太陽能驅動的「彩虹製造機」。她的客廳如夢似幻，一整天都閃耀著七彩光芒。對我而言，理想的客廳是通風良好的空間，配有我最喜歡的沙發和茶几，營造出能夠愉快交談的氛圍。

什麼樣的客廳適合你的生活方式？客廳裡的什麼地方或什麼裝飾可以作為焦點？你該如何安排客廳裡的物品，讓所有東西都有指定的位置？

一個好的廚房能讓烹飪變得有趣！

我每天大部分的時間是在廚房度過。這不僅是我為家人做飯的地方，也是我們一起用餐的地方。孩子喜歡看我做飯。即使他們在遊戲室玩耍，只要我開始做飯，他們就會出現並表示想幫忙。我認為他們被廚房吸引，是因為他們看到我樂在其中。我請他們幫忙打蛋、切菜或清空洗碗機。我們在廚房共同度過的時光，也是寶貴的交談機會。

我的原則是，流理檯與瓦斯爐平時不放任何東西，以免沾到水滴或油漬。這讓我能立即擦拭流理檯，保持清潔。我只留下最低限度的平底鍋與湯鍋，並選擇容易使用及保養的物品。

料理長筷與湯勺等用具全部收納在一起，餐具、調理器具和各式調味料則簡單分類，放在容易取用的地方，需要時就不會手忙腳亂。零碎的袋裝乾貨全部直立收納，就能精準管理所有食材，在賞味期限內用完。冷藏食品用一目了然的方式存放，才能盡量減少冰箱中剩餘的過期食品。相同設計的食品儲存容器可以營造出更整潔的外觀。尋找並逐漸蒐集令自己怦然心動的廚房小物，也能帶來很多樂趣。

我有一位客戶在完成「整理節慶」之後，她的先生買了漂亮的木製廚房紙巾架給她作為生日禮物，她很高興地拿給我看。

客戶説：「過去我只喜歡買有最新功能的廚房用品，沒想到光是將每天使用的物品，換成自己喜歡的設計，就能天天都過得這麼開心！」

我理想中的廚房，是整潔、能讓烹飪這件事變得充滿樂趣，而且讓我享受與家人共度的時光。

你想減少或添加什麼，好讓你的廚房更方便使用？有沒有什麼你想升級的炊具或工具，好讓烹飪更有趣？或是換掉任何舊的洗碗巾、廚具或其他東西？

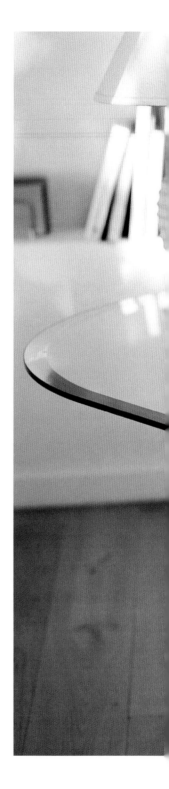

工作空間不能只追求實用性──玩心也很重要

如果工作空間能讓人的創意和靈感源源不絕，該完成的各種工作也能順利進行，那真的再好不過，不是嗎？無論你是擁有自己的獨立辦公室，還是與他人一起在同空間的辦公桌前工作，讓我們考慮一下什麼樣的空間最適合工作。

當然，理想的情況是維持桌面整潔，書架上的書籍和文件按照你選擇的類別整齊排列，桌上沒有多餘的文件堆積，好讓你能一眼就知道某個東西在哪個位置。所有文件，甚至包括抽屜裡的文具等小東西，都該直立收納，一開抽屜就能清楚看見所有物品的收納位置。像這樣整理物理空間，也能激勵我們養成讓自己怦然心動的新習慣。

我有位客戶也在公司展開整理節慶。她每天早上進公司做的第一件事，就是拿除塵紙擦拭辦公桌，再依照當天心情，點上胡椒薄荷或薰衣草薰香。一天工作結束後，她會拔掉筆記型電腦的插頭，把電線放回固定位置，將筆記型電腦插進書櫃上的固定位置，辦公桌上只留下電話，然後才離開。

即使你在家工作，請務必用能令你怦然心動的東西來美化工作場所，而不是讓空間只有功能性。我喜歡在辦公桌上放小型植栽和閃亮的水晶。我選用設計上帶有玩心的便條紙以及顏色漂亮的資料夾。主要的寫字工具是我很寶貝的一枝筆，而且我只保留最低限度的鉛筆或色筆，視情況使用。

我會使用薄荷或葡萄柚等香氛，來幫助轉換不同工作所需的心情模式。如果你的家就是辦公室，那麼切換香氛也是從「工作模式」切換到「在家放鬆模式」的好方法，在「工作時」和「度過個人時光時」播放不同類型的音樂，也是個好辦法。如果你把餐桌或廚房桌子當成辦公桌，我建議你把工作相關物品放在托盤上或籃子裡，在工作結束後將它們放在視線之外，這樣就能放鬆身心，不會一直想著仍然需要完成的工作。

我開始在美國開設整理課時，驚喜地發現美國人經常用能給他們帶來喜悅的個人物品裝飾辦公桌或工作空間，像是家庭合照。

想辦法讓工作空間成為「我們喜歡在這裡工作」的空間時，這個空間就會讓我們怦然心動。最好的起點，是想像你理想的工作方式。

花點時間回顧一下，你希望如何開始一天的工作，還有你會把時間花在哪些事情上，例如會議、集思廣益、閱讀以獲得靈感，或是收集情報。然後思索如何以一種讓你愉快的方式來平衡這些活動，並根據這幅畫面來制訂行程表。評估工作空間中的所有物品，看看它們是否有助於提高工作效率、激發靈感。花時間思索工作的方式，就能使工作生活更貼近理想。

臥室是療癒一整天的疲勞，為自己充電的基地

我心目中的理想臥室就是，放著一張鋪著乾淨床單與枕頭套的床，每天晚上躺在床上，感謝平安度過今天的時光，徹底放鬆心情後安穩入眠。天花板的燈以及掛在牆上的畫，都是經過精挑細選後買下的心動之物。睡前聽著古典樂或讓心靜下來的療癒系音樂，點上薰衣草或玫瑰等帶有淡淡甜香的薰香。放有一朵花的花瓶更是讓我感到放鬆。

我有一位客戶整理臥室時，第一個更換的就是枕套床包組。過去她一直使用藍色床單，後來換上收在壁櫥深處、還沒拆封的粉紅色床單，就變得很喜歡清洗床單，才發現乾淨的床單睡起來有多舒服，也讓她從此之後喜歡上粉紅色。

她告訴我：「每天睡前我都會環顧臥室，在心中一一感謝看到的所有物品，謝謝它們無私的陪伴。」

我會避免臥室裡有任何會發出不自然光的物品。例如，如果燈的開關或防盜警報器上的按鈕發出的綠光太亮，我在睡覺時會遮蓋起來，好讓房間內的照明環境盡可能自然。

最理想的臥室型態就是打造成充電基地，療癒一整天的疲勞。

如果你早上起床第一眼看見的，就是位於臥室一角的心動專區？當我們從睡眠過渡到清醒狀態時，在睡眠期間接管的潛意識會與清醒時接管的主意識共存一段時間。也因此，我建議你重新安排臥室空間，好讓你一早睜開眼看到的第一樣東西，能為你激發正面的想法和感受。

如果你的窗戶恰好能看到大海之類的美景，那就太好了。但即使臥室沒有窗戶，或是你唯一的視野是隔壁的建築，也不用擔心。想像一下，在醒來時第一眼看到什麼東西能給你帶來最大的喜悅，然後在設計臥室內部時把這一點納入考量。你可以在房間裡安排一個「心動專區」，方法很簡單，就是找出醒來後第一眼會看到的位置，在那裡擺放你喜歡的物品，可能是一瓶當季鮮花、室內植物或藝術品。你可以放在床頭櫃或梳妝檯上，如果空間不夠，你可以放在牆面的展示架上，或把你喜歡的圖片或有圖案的布掛在牆上。

你需要做的並不多。請為臥室設計一個能讓你怦然心動、讓起床變成一種樂趣的視覺焦點。

你覺得能讓你好好休息、覺得感恩的臥室的是什麼模樣？你剛醒來時會看向哪裡？一睜開眼睛時，看到什麼東西會令你怦然心動？

整理你的衣櫥，振奮精神

以留心的方式與衣服互動，會改變你跟衣物的關係，並日復一日令你怦然心動。如果你的衣櫥裡塞滿了東西，甚至害怕打開衣櫥門，那麼最能造成立即影響的就是「折疊衣服」。這樣一個簡單的動作，幾乎就能解決所有衣物收納問題。將「吊掛收納」改成「折疊收納」之後，收納空間明顯變得更空闊。

那麼，如何判斷一件衣物該折疊還是懸掛？任何飄逸的衣物，像是連衣裙或裙子，都應該掛起來。如果你不確定，可以將衣物放在衣架上，在半空中揮動，如果會快樂地起舞，就表示該用衣架掛起來。有很多結構的衣服也應該掛起來，例如外套或西裝外套。其他衣物都可以折疊起來。

折疊衣服，不僅僅是將布料排列成某種形狀的物理行為，也並非只是為了提升收納效率。用自己的雙手觸摸衣服，這麼做是在跟它對話，對它投注關愛與能量。手掌的輕柔壓力，能使纖維恢復活力。你在撫平布料時，請感謝衣物保護你。這麼做會加深你對衣櫥裡每一件物品的喜愛，提醒你這些衣物為什麼讓你怦然心動。

衣服的正確折法只有一個重點，那就是折好時必須變成一個光滑簡單的長方形。就是這麼簡單。每種衣服都有最適合的折法，我稱之為折衣服的「黃金點」。改變衣服折法就能擁有怦然心動的人生，你不覺得這方法太棒了嗎？

折疊好並準備收納時，請將每件物品垂直存放在抽屜中，這樣就能一目了然地看到所有物品的位置，並確保一件件緊密貼合，以漸層顏色的方式排列，將色調相似的衣物放在一起。我是將抽屜裡的衣物按照從淺到深的顏色排列，淺的放在抽屜前側，深的放在後側。按顏色整理衣服時，就能立即知道每一種顏色的衣服有幾件。

接下來該整理整個衣櫥了。關鍵是排列出「向右上升」的衣服線。如此一來，打開門時，光是看到這條線就會讓你精神振奮。試著用指尖在空中畫一條上升的線，你能否感覺到這讓你大感振奮？

為了排列出這條線，我把比較長的、厚的、深色的衣物掛在左邊，把比較短的、淺色的、亮色的衣服靠右掛，這樣衣服的下擺就會從左到右向上彎曲。最好也按類型來排列：大衣跟大衣放在一起，連衣裙跟連衣裙放在一起，裙子跟裙子放在一起。收納過程會因此變得非常簡單，並且很容易找到你要找的東西。

至於鞋子，如果你的衣櫃裡有內置的架子，可以專門用一、兩個架子來放鞋子。如果沒有，可以在掛起來的衣服下方放鞋架。一般的鞋子，比如淺口鞋和皮鞋，適合放在底部，涼鞋和輕便的鞋子則放在比較上面的位置。同樣的原則也適用於位於玄關或泥房（mudroom，主要存放溼衣物或沾泥衣物）的鞋櫃。個子較高的人最好把鞋子放在較高的位置，矮個子和小孩的鞋子放在較低的架子上。

如果你的步入式衣櫥有足夠的牆面空間，可以用令你怦然心動的
物品來裝飾內部。衣櫥是你的私人空間，所以可以盡情發揮，讓
它變成特別的綠洲，或展示你的古怪收藏。

開始新的一天時，想在衣櫥裡看到什麼東西來激勵你呢？

大方穿著相同風格的衣服

當衣櫥裡只剩下令自己怦然心動的衣服，站在衣櫥前就會感到興奮不已。不過，偶爾我也會遇到有些客戶在整理過程中，隨著衣服越來越少，發現自己的穿衣風格顯得單調而感到沮喪，因為他們留下來的不是同品牌、就是同樣顏色的衣服。有位客戶發現她留下來的衣服都是以米黃色系居多，彩色單品則全是綠色系。她告訴我：「每次看到時尚雜誌裡的讀者諮詢專欄，有人說：『我每次都穿相同款式的衣服，真的好煩惱。』我就覺得自己也有同樣問題，開始感到不安，因為我也一直穿同類型的衣服。」為了解決這個問題，她還刻意去買紅色或藍色的衣服，但穿上後覺得不適合自己，便收在衣櫥裡再也沒穿過。

我勸她：「這就表示這些衣服對妳已經沒有用處了。」

她抗議：「可是如果丟掉，我的衣服又會變得很單調。我擔心同事會不會私下叫我『米黃女』或『綠色星球人』。」

於是我問她：「妳的朋友中，有沒有人總是穿同一種風格的衣服？」

「被妳這麼一說，我很多朋友都這樣呢！」

「妳每次看到他們時，心裡會想『怎麼每次都穿同樣的衣服』嗎？」

她回答：「不會，反而是他們穿不一樣的衣服時，我會覺得怪怪的。」

正是如此。令人驚訝的是，一般人其實不會注意到身邊朋友每天穿同一種類型的衣服；相反的，看到朋友每天都穿「符合自己個性」的服裝時，反而會讓人感到安心自在。不瞞各位，以前我的穿衣風格也很單一，通常是連身洋裝加開襟外套或西裝外套，或是白色上衣配裙子。我的外出服超過八成都是這種搭配組合。直到有了孩子之後，我的衣櫥才開始變得多樣化，因為我開始穿更多休閒裝。我大多數的客戶，在整理完衣服後也會穿上相同類型的衣服。即使是印象中經常穿著各種衣服的人，只要仔細觀察對方選擇的色調和衣服款式，絕對會發現對方喜歡的「風格」。

無論再怎麼不願意，整理衣物都會讓你重新回顧自己選購衣服的失敗歷史，其中一定也包括不希望再回想起來的「不堪的過去」。老實說，我以前也多次買下不適合自己的衣服，我會跟它們說：「謝謝你讓我知道自己不適合這樣的款式。」

接著我會把衣服打包好，全部「送」給專門接收不適合我的東西的妹妹。我妹妹光是這樣，就不知道收過多少我送的舊衣服（這是不好的示範，各位請勿學習）。

然而，經過這種學習過程後留下來的衣服，才是真正適合自己、穿起來輕鬆舒適的衣服。所以，不要再感到不好意思了，大方穿著相同風格的衣服吧！拋開時尚雜誌強迫推銷的「每天都要穿不同衣服」的穿衣標準，就能讓你每天在選擇穿什麼衣服時感到輕鬆自在，心情也豁然開朗。

可是如果你希望能擁有「色彩繽紛的各式衣物」？我有些客戶在完成衣服的整理之後，會主動接受色彩心理測驗，或是參加時尚講座，以「冷靜客觀」的態度慢慢找出其他適合自己的穿衣風格。這些是尋找其他風格的好方法。

話說回來，先前提到那位喜歡米色和綠色系的客戶，她在結束了其他物品的整理，按照「怦然心動整理法」的指示來到最後一步的整理照片時，我陪著她一張張確認照片的心動度，突然間她笑了出來，指著一張照片說：「妳看，這是我十五年前的照片。」照片裡的她穿著一件綠色上衣與米黃

色褲子。「照片裡的家人也跟現在一樣，我爸爸到現在都還是穿POLO衫和灰色長褲，媽媽則是白色T恤以及有圖案設計、質地輕柔的裙子。」她露出微笑。「我覺得好安心喔！從現在起，我要大大方方地自稱綠色星球人！」雖然我心中想著「妳其實不用自稱綠色星球人」，但她還是開開心心地完成了「整理節慶」。

勤於擦拭鞋底，好運就會降臨

鞋子有種特殊的吸引力。一方面像是消耗品，但另一方面又像配件，甚至是藝術品。有些人出於對鞋子的熱情而收藏了一大堆，數量多到他們不可能全都穿過一輪。即使是那些不收藏鞋子的人，至少也曾因一時衝動、一見鍾情而買過一雙。

我自己也很喜歡鞋子，甚至喜歡到有一天坐下來盯著我的鞋子看。我將自己的鞋子全拿到玄關一雙雙排列整齊，以正座的姿勢坐在鞋子前，靜靜凝視著它們大約一小時。我沒辦法說清楚為什麼自己會這麼做，但如果以一句話來解釋，就是我想靜心聆聽「鞋子的煩惱」。

因為我發現這些在鞋店裡看起來閃閃發亮的鞋子，不知為何，放進家裡的鞋櫃之後卻變得黯淡無光。「我知道了！我要把它們擦乾淨。」我心想。

我立刻拿出擦鞋工具組，仔細地將每雙鞋子擦得晶亮。將鞋子再次放回報紙上時，我似乎聽見了鞋子的聲音，對著我說：「鞋底也要擦。」請各位打開自己家中的鞋櫃。一眼看見鞋子的現況時，你的反應是「怎麼會這樣」，還是「好美喔」？不同反應的差別不在於鞋子的好壞，也與價格高低無關。有一次我上整理課時，忽然有種不對勁的感覺。

當時我正與客戶一起整理鞋子，與往常一樣，請客戶將所有鞋子放在一處，一雙雙拿在手裡確認「心動與否」，這習以為常的動作卻讓我感覺不太對勁。

首先，鞋子是放在舊報紙上面。再來是客戶的動作，她拿鞋子的動作看起來十分畏懼，就連面對讓自己心動的鞋子時，也是用手指夾著，不敢用整個手掌捧著。我回想起當我要求客戶將所有鞋子拿出來時，她當時是什麼表情？好像有皺眉？

沒錯。她把她的鞋子當作令人厭惡的東西，儘管鞋子曾經美美地在商店裡像珠寶一樣陳列。我們衣櫥裡的任何物品，都不會像鞋子那樣遭到這種「買回家前vs.買回家後」的差別待遇。當然，原因是一旦我們開始穿戴，就會沾上很多汙垢。但那是因為鞋子整天都在面對我們生活中的髒汙。鞋子的職責可說是所有物品當中最艱鉅的。你穿在腳上時，鞋子也許會與「難兄難弟」襪子和絲襪談話。

你的鞋子也許會說：「今天真熱啊。」「是啊，熱得就像蒸籠呢。努力撐下去啊。」襪子也許會如此答覆。

但鞋子真正的想法應該是：「每天回到家，主人就會將襪子和絲襪洗乾淨，我卻沒有這

樣的待遇……」

嚴格來説，鞋子的表面和鞋底，其實也存在著歧視問題。一般人會將鞋子表面擦得乾淨閃亮，擦完後還會慢慢欣賞漂亮的模樣，但幾乎沒有人會這樣對待鞋底。這種態度似乎太無情了，畢竟是鞋底承擔著在淤泥中踩踏這種吃力不討好的工作，它們才應該獲得特殊待遇。我們真的應該給予鞋底應有的尊重。這就是為什麼我養成了在睡前或早上擦拭玄關時擦鞋底的習慣。

我這麼做的時候，會感謝鞋子整天支持我。當然，有時我太忙了，但有時間這麼做時，會發現這比清潔其他任何東西更能讓我頭腦清醒。當鞋底擦拭乾淨之後，會讓人想要穿上鞋去更美好的地方。

我曾聽過一句話：「好的鞋子會帶你去好的地方。」但正確來説，鞋底是真正接觸地面的部位，因此是鞋底帶我們去更好的地方。

每天將鞋底擦拭乾淨，相信你也有機會遇到令自己開心的事，例如不經意地逛進一家店，找到夢想已久的物品；或是不經意地碰巧走進一家美味的餐廳。

浴室裡只放能讓你怦然心動的東西

人們傾向於將肥皂、海綿和其他實用的沐浴和清潔用品放在浴室的顯眼位置，但我建議將所有東西都放在視線之外，只有你覺得好看的東西例外。例如，如果我認為包裝設計不會為我帶來快樂，我會把清潔劑和刷子放在櫥櫃裡，連同洗髮精和沐浴露，只在使用時才拿出來。

另一種選擇，是將你最喜歡的洗髮精和沐浴露裝在喜歡的瓶子裡，展示出來。這樣就能確保浴室總是令你怦然心動。

我有位美國的客戶在寬敞的浴室周圍布置高雅的盆栽植物，感覺就像置身於花園。這是多麼清爽的沐浴空間！雖然有這麼大的空間很美好，但即使空間很小，也可以添加一些小植物來創造你想要的效果。

日本的房子，尤其是城市裡的房子，通常比美國的房子小得多，這意味著不太可能有大浴室。我住過的公寓裡，浴室很小，沒有多少光線，所以不能種植物。所以我每次洗澡時，會把客廳裡插了一枝花的花瓶拿來放在浴室的架子上，感到賞心悅目。我鼓勵你用自己最喜歡的浴鹽或蠟燭之類的東西，來讓沐浴時間變得特別。

該如何改造浴室儲物櫃或容器，來讓你怦然心動？你想用什麼樣的花或裝飾品來裝飾浴室呢？

用鮮豔的顏色和圖案，讓你的收納盒和抽屜充滿個性

整理完後，也選擇了怦然心動的東西時，接下來該重新設計收納空間，好讓你感到怦然心動。我喜歡用柳條、竹子或黑白兩色製成的簡單、漂亮容器。我也喜歡使用環保商品，例如再生紙或有機棉製成的紙箱。

如果你使用的是透明塑膠抽屜，可以在抽屜正面的內側貼上精美的明信片或包裝紙，變得獨樹一幟。如果使用適合的隔板，也能在打開抽屜時感到喜悅。

想一想如何劃分空間，將所有東西都豎著存放，這樣就能一目瞭然地看到每件物品的位置。

找到合適的收納用具來存放所有為你帶來喜悅的物品時，感覺會很美好。你可以使用現有的收藏用具甚至鞋盒，但有些人會為了這個目的而購買精美又堅固的容器，從中感受刺激。

創建理想的收納盒和抽屜，這麼做充滿樂趣——所有東西都按類別區分，而且數量恰到好處。

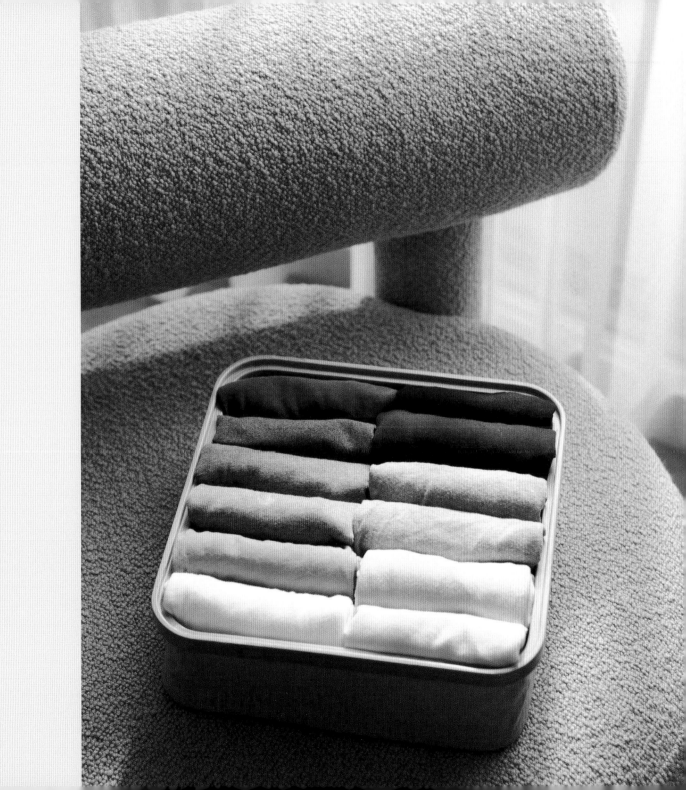

設計你的盥洗室，保持能量流動

說到盥洗室或廁所，關鍵就是整潔度。由於廁所收納空間不大，所以一定要勤於打掃。雖然每天待在裡面的時間不長，但廁所可說是一個家的「排毒空間」，最重要的就是維持空氣順暢與流通。

我建議把備用的衛生紙放在籃子裡，或是用漂亮的布遮起來，不讓別人一眼看到。為了淨化空氣，我個人不喜歡使用化學芳香劑，而是喜歡味道溫和的尤加利和木質系天然香氛。按照日本的傳統，我在浴室門內放置了特殊的拖鞋，並選用顏色相配的地墊。除此之外，廁間只需要一點裝飾，像是你最喜歡的明信片或裝飾品。還可以根據季節或心情來更換。

我的一位客戶用貼花裝飾了盥洗室的四面牆，從地板一直到大花板。牆的下半部分由長莖罌粟覆蓋。她還在地板上鋪了一個毛茸茸的綠色墊子，乍看之下宛如草皮，站在廁所裡彷彿置身花田正中央。這提醒我，我們應該在自己家中自由地發揮創意做實驗。

你理想的盥洗室主題色是什麼？

盥洗室什麼樣的香味會讓你開心？

按摩房子的「穴道」，讓家更健康

「Shiatsu」是一種日式穴道按摩，真的很舒服。我的外公是針灸師，也是艾灸師，熟悉傳統中醫與日式醫學。

在耳濡目染之下，從小我就很熟悉身體穴道與各種保健法。從我上小學開始，外公就會幫我做完整的穴道按摩與整體按摩；高中時我更主動要求接受針灸。他使用一種看似可疑的科學實驗設備，將帶有電線的針插入我的穴道，然後導入溫和的電流。外公每次都會帶著慈祥的笑容說：「健康其實就是『好的循環』。」同時毫不留情地將針刺在孫女身上。當時外公的療法雖然看起來很奇怪，但效果真的很好。

正因為我生長在那樣的環境，每天都會接觸到「穴道」「循環」這類用詞，這些觀念便成為日常生活的一部分。因此，我在從事整理工作時，最重視房子的「穴道」在哪裡，以及房子裡的空氣「循環」是否良好。（或許有些讀者會認為我的想法很奇怪，不過，請將此視為整理專家特有的職業病之一。）

話說回來，如果房子真有穴道，你覺得會在哪裡？什麼地方只要保持潔淨，就能促進家中的空氣循環？

答案是玄關、房子中心點，以及任何裝有水管的空間。嚴格來說，房子的「穴道」多到數也數不清，但在所有穴道中，只要加以處理就能看到效果的就是這三個地方。

大家應該可以理解，為什麼清理廁所和廚房水槽之類的水管區域，能產生顯而易見的成果。這些地方會最先出現使用跡象，因此經過整理後，會最容易看見變化。我曾提過玄關就像神社鳥居，幫助我們袪除從外面帶回來的髒汙。比較難懂的，應該是「房子中心點」。

每當我初次造訪客戶家上整理課，我一定會正坐，在房子中心點的穴道上「跟房子打招呼」。我每次在一個家裡走動，總是會感覺空氣似乎在哪產生變化，像漩渦一樣變得濃厚而旋轉，而那個位置總是靠近房子的中央。不論房子中心點是走廊或儲藏室，效果都一樣。

我在得到這項發現後，後來在某本風水書中看見一張插圖，標題是「氣的通道」。插圖畫的是從玄關進來的氣通過中心點，直接從位於對角線上的牆面出去的流動路線。這與我在客戶家中感受到的流動路徑相同。一旦把這個中心點收拾好，保持整潔，從入口流入的空氣就能更自由地流通，讓整個房子感覺更輕盈。

既然你現在知道穴道的存在，就可以讓這個
房子裡的中心穴道在日常生活中為你效力。
你不需要做任何特別的事情。無論中心點是
根柱子或平常擺放家具的地方，都無須太過
在意，只要保持這一處沒有垃圾就行：不要
堆放等著丟掉的廢棄物、垃圾桶，或是囤積
明顯用不到的物品，避免讓整個家充滿煩躁
不安的感覺。

說到這裡，終生以追求健康為職志的外公，後
來走得十分安詳，他生前經常這麼說：「一個
人只要表情開朗，維持腸道舒暢，每天確實
泡澡，保持整潔，就能活得健康。」

若將這句話套用在房子上，意思就是：決定
居家空間第一印象的門面，也就是「玄關」
要保持明亮，中心點（腸道）不放垃圾，浴
室和盥洗室等衛浴空間要擦得晶亮，保持整
潔。只要好好注意這三大穴道，就能擁有愉
快健康的居家空間。

整潔的車庫是充滿喜悅的車庫

我以前認為車庫只是停放汽車的地方。搬到美國時，對車庫的大小感到驚訝。一般的美國車庫，比我在日本見過的任何車庫都大得多。也因此，許多人將車庫當成儲物空間，裡頭經常塞滿季節性和雜項物品。定期檢查車庫裡有什麼東西，能幫助你隨時了解究竟有多少東西。

把車庫從儲藏空間變成心動之地的方法，就是整理。怦然心動整理法的核心原則之一，是按類別進行整理，這也適用於車庫。我建議將物品區分為特殊場合的裝飾品、工具、露營裝備等類別。就像整理家裡一樣，首先將同一類別的所有物品放在同一處，用手觸摸每一件，只留下讓你怦然心動的東西。

選好了所有為你帶來喜悅的物品後，再按類別儲存。將物品存放在車庫中的關鍵，是以「方便你查看每個物品在什麼地方」的方式擺放。這能最大程度地發揮車庫作為儲存空間的功能。

如果把東西都放在同類型的容器裡，這會讓空間看起來更整潔。灰塵和汙垢很容易帶入車庫，因此最好使用有蓋子的容器。任何可以垂直放置在容器中的物品，都應該直立存放。你的目標是將所有物品存放在容器，在打開蓋子時能一眼看到每個物品在哪個位置。如果給容器貼上標籤，並將其存放在金屬架上，那麼家中每個人都能分辨出物品存放在哪裡。

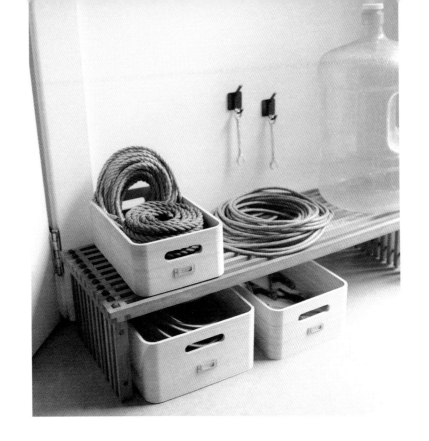

完成了基本的整理後，如果想讓車庫更讓你怦然心動，我建議用你喜歡的物品來裝飾，就像裝飾家裡一樣。如果有一面空牆，可以用來掛那些你在屋子裡沒地方放的照片，或者安排特別的「嗜好角落」。裝飾你的車庫，就能從停車位或儲藏室變成更可愛的空間。想辦法讓車庫空間令你怦然心動，這也會是個很有趣的過程。

你想在車庫裡放什麼樣的儲物容器？塑膠箱？紙箱？籃子？什麼樣的色調和組織系統最有效？什麼樣的裝飾品能改變你的車庫？

裝飾牆面，營造「理想風景」

這是發生在某堂整理課的事情。當天的客戶是S小姐，她是彩妝師。她在我的脖子上圍了一條毛巾，讓我坐在鏡子前。她說：「化妝的關鍵在於整體的平衡感，不過，絕對不可忘記臉部其實是各種元素的集合體。

有些元素可以改變，有些元素不可改變，像骨架就是無法改變的部分。以房子來說，格局就是無法改變的部分。肌膚要越潔淨越好，就像不要在地上堆放多餘物品一樣。」

接著，只見她「啪」地一聲打開了一個大型化妝箱，繼續完成她的即興化妝講座。「腮紅雖然只是配角，但顏色和畫法會讓表情截然不同，感覺就像是小型間接照明一樣。睫毛就像是窗簾，在眼睛（窗戶）四周繞上一圈，刷越多層睫毛膏，妝容看起來就會越華麗，好像厚重的窗簾一樣。」

S小姐一邊解說，一邊俐落地在我臉上化妝。「不過，如果想瞬間改變整體印象，還是要靠髮型。因為頭髮面積最大，可以綁起來、夾上髮飾，做出千變萬化的造型。」

她抓起我的頭髮，做出示範。「所以妳所說的『裝飾牆面』的必要性，就跟『裝飾髮型』是同一件事，對吧？」

沒錯，就是「牆面」。現在我想起了這場談話是如何開始的。大約三十分鐘之前，我正跟她提到裝飾牆面的必要性，而她突然開始傳授化妝技巧。

完成整理後，若房間變得過於空曠冷清，接下來一定要做的就是「裝飾牆面」。你的家大致可分成四個區域：地面、牆面、窗戶與門。但無庸置疑的，想實現立即改造的最有效方法，就是專注於牆壁。牆面的面積最大，可以裝飾擺設品、掛畫，打造變化多端的風格。

我家牆面大概掛了二十個相框，包括裝飾在盥洗室和玄關的小擺設。這些包括從合適的油畫到隨意裝裱的刺繡作品，是我從單身時收集至今的最愛。

例如，其中一幅是莫內〈睡蓮〉系列作品的版畫，從我住在東京的公寓以來，我就一直擁有它。

在擁擠的東京，我夢想住在靠近水的地方，也四處尋找我想從窗戶看到的那片風景。當我偶然發現莫內的睡蓮漂浮在翠綠色的池塘上時，就一見鍾情。雖然只是一張便宜的版畫，但我還是把它裱在一個窗戶大小的框架

裡。畫現在掛在盥洗室，在洗手檯對面的牆上。每當我看到畫反映在鏡子裡時，我還是會感到怦然心動。

我的一些客戶也提出了有趣的想法。例如喜歡看星星的客戶，晚上睡覺時會透過家用天象儀，在牆面上投射出滿天星空。還有另一位客戶一直很希望吃早餐時能一面欣賞開滿花朵的庭院，即使家裡沒窗戶，她還是在牆壁上裝了窗簾，還在窗簾後方貼著英式庭園的海報。

牆面空無一物，不做任何裝飾，可説是最浪費空間的做法。你想在牆上看見什麼？

在整理完家裡後，若無法讓你產生心動的感覺，即代表你的家缺乏心動元素。如果是這樣，請開始裝飾牆面，就能在一瞬間完成怦然心動的居家空間。

培養在戶外的喜悅

我從小就夢想擁有一棟有花園的房子。小時候，我們住在城市的公寓裡，所以唯一有的就是一個陽臺。在那個時候，日本公寓的陽臺只是用來晾衣服的地方，沒有地方放植物。結婚後，我們住在一個也有陽臺的公寓，但這一次，我可以用來種植植物，而不是掛衣服，因為我們有烘衣機。我用木棧板蓋住普通的混凝土地板，把諸多花盆排成幾排，創造出自己的花園。我可以自信地說，只要有一個陽臺就可以享受園藝的樂趣。

在思索戶外空間時，重要的是想像你將如何在那裡度過時光。就我而言，我想坐在陽臺上欣賞植物。我也希望能從窗戶看到綠景。我知道這算不上雄心壯志，但這就是我一直渴望實現的夢想。

如果你住在不太適合種植東西的地方，比如擁擠的市中心或乾旱地區，你也許會想以不同的方式在戶外空間度過時光。也許你的理想是擁有帶有烤肉架或火坑的戶外廚房，可以靜心的空間，或是迷你高爾夫推桿場。或者，也許你想在外面放一把喜歡的椅子，早上在那裡喝咖啡，或是放一張小睡用的吊床，為你的孩子做一個遊樂區，或是為家人和朋友準備一張聚會用的桌子。讓你的想像力自由發揮，想像出令你怦然心動的生活方式。

如果你很難想像如何在戶外空間度過時光，我建議你看看其他人
的生活方式，閱讀關於人們如何將美麗花園融入生活，在雜誌或
網站上看看迷人的庭院和露臺。你一定會找到一些關於如何使用
空間的提示。尋找與你想要的生活方式匹配的花園或戶外環境，
就能為你激發喜悅。

園藝就像整理

我有很長一段時間以為自己永遠無法擅長園藝。我很喜歡多葉的室內植物。在日本時，經常嘗試種植，但失敗多於成功。我竟然讓放在玄關的一株馬拉巴栗枯萎了，還有一株我最喜歡的金色綠蘿也枯了，花盆裡所有的藥草都死了。

我搬到美國後，驚訝地得知很多人會僱用園丁。我們租的第一個家中有個漂亮的花園，就是由專業的園丁精心照料。

置身於那些植物當中、看著它們生長，真的令人開心，因此一種「嘗試園藝」的強烈衝動在我心中湧現。我從小型藥草園開始，種植比較受歡迎的植物，比如迷迭香和薰衣草，這些東西可以拿來做飯。獲得成果後，我開始思考接下來想嘗試種植什麼，像是開花植物或蔬菜，然後我逐漸擴大了種植的植物種類。

有一次，為了協助一個電視節目的拍攝，我幫忙整理一處可食用植物的苗圃。在那裡，我向在苗圃工作的人諮詢關於我家花園的事，並請他們描述是如何工作的。他們告訴我，成功的祕訣是「去試就對了」，並鼓勵我嘗試任何吸引我的東西。他們還告訴我，要打造自己的夢想花園，需要的只是一些基本知識，像是如何將肥料混入土壤，以及種植特定品種的最佳時間。他們的鼓勵和建議，進一步激發了我對園藝的熱情。

「去試就對了」還有「帶著溫柔、關愛的關懷態度去做」，這些話既適用於園藝，也適用於整理。許多人把園藝擱置多年，只是一直告訴自己總有一天會做，這種態度也讓我想到整理。想像你理想的花園，並設計得能令你怦然心動，種植讓你快樂的東西。設計可愛的鏟刀，或是讓你感到怦然心動的花盆。

隨著持續收集能激發喜悅的工具，你也將從園藝中獲得更多樂趣。同樣地，這些原則也能增加我們在整理和日常生活中的樂趣。

第四章

讓你怦然心動
的早晨

能否度過美好的一天，取決於我們早上如何醒來並開始行動。本章將幫助你思索理想的早晨，好讓你能專注於激發喜悅的實踐和行為。

什麼樣的早晨會讓你一整天都充滿喜悅？

對我而言，開始新的一天最好的方式，就是打開窗戶，引進新鮮空氣。我認為我們在早上醒來時，和前一天是完全不同的人。睡眠驅散了所有被壓抑的挫敗感，感覺煥然一新。所以，我要做的第一件事，就是讓新鮮的空氣淨化空間，去除任何殘留的迷霧。

我會點些薰香，根據心情選擇乳香、薰衣草或祕魯聖木。在很多地方，薰香被用來象徵性地淨化空間，這就是為什麼佛教儀式會焚香來驅除厄運。感到神清氣爽後，我會對房子說聲：「早安！」就像問候家人一樣──這是我在獨自生活後就開始有的習慣。

為了讓腦袋清醒，我每天早上都會漱口。我最近開始用阿育吠陀油漱口，這個方式稱作「油拔法」。覺得嘴巴乾淨之後，我會喝一杯熱水。這能幫助我在吃早餐前先清通腸胃。我會盡可能地等到餓了再吃飯，用餐前我會先做一些家務或完成工作相關事務，好讓我的腸胃能先做好準備。我發現清通腸胃後再吃早餐，確實能促進新陳代謝，讓我感覺更輕鬆、更有活力。

培養新習慣，只需十天的努力

我們應該養成什麼樣的習慣，才能讓每一天更快樂？

焚香、運動、回家後將包包裡的物品全部拿出來——這些都是我日常習慣的一部分。乍看之下好像很麻煩，所以有些人開始實踐就找各種藉口放棄，像是「我沒辦法每天做這麼多瑣碎的雜事」或「我的工作太忙」等。培養新習慣確實不容易，但有個關鍵的方法對我似乎行得通：每天嘗試一個新的做法，維持十天。就像我獨創的整理原則：在短時間內徹底做到。

為什麼一定要每天做，而不是三天做一次？因為這是第一步，也是我們開始改變行為模式的時期，這時候需要最多的精力。

首先，如果你只設定十天的目標，而不是從現在開始要求自己每天都做某一件事，激勵自己並堅持下去就會容易得多。再來，如果你從一開始是養成「每三天做某一件事」的習慣，就必須付出更多精力才能「每天做某一件事」。如果把這個過程分成兩個階段，根本是浪費精力。

雖然建立新習慣一開始看起來工作量很大，但只需要維持十天。如果你在有限的時間內實踐新習慣，就會更容易養成固定的行事節奏。不久後，你就會開始享受新習慣帶來的樂趣：也許能讓你頭腦清醒、讓某件事變得更容易、幫你找到地方來安放擁有的每一件物品，或讓你在一天結束時能調整自己的心情。

我是最近才養成阿育吠陀油拔的習慣，每天早上用白芝麻油漱口。一開始，油味讓我作嘔，我也懷疑這種做法是否真的和我聽說的一樣好。然而，連續做了十天後，我的皮膚變得更柔軟，也習慣了嘴裡有油的感覺。從那以後，我一直沒有中斷這個做法。

當然，如果你在這十天裡意識到沒辦法讓新

習慣成為日常，或是你發現每四天做一次反而會讓你感到更開心，也可以做出相應的調整。如果你想開始某件新事物，我認為從一開始就把門檻設置得高一點，並體驗新習慣帶來的終極快樂，這麼做會更容易。

這種方法最適合「不需要任何技巧」的事情，像是每晚清空你的包包。雖然學習一門新語言或彈鋼琴需要多年練習，但如果你選擇任何人都做得到的事情，幾乎就能立即體驗到效果。

那麼，從今天開始，在接下來的十天裡，你想養成什麼樣的新習慣？如果你已經完成了「整理節慶」，我相信你能成功地養成任何新習慣。

花點時間享用早餐，
為你的身體健康添加燃料

我們家的早餐通常是日式的，總是吃米飯（用一種叫做「土鍋」的傳統陶鍋煮成），還有味噌湯，加上雞蛋或前一天晚餐的剩菜，這就成了簡單但營養豐富的早餐。等飯煮好的同時，我會檢查行程表，看看那天需要完成什麼任務。

早餐的氣氛和菜單一樣重要。我們盡量確保全家在孩子上學前可以一起吃飯，並經常在背景播放古典鋼琴之類的舒緩音樂。這有助於孩子在出門時感到開心。

如果你平時是在家吃早餐，我建議可以添加一些元素，讓這段時間變得特別。如果在吃飯時讓手機分散我們的注意力，或只是在抓起鑰匙出門前隨便吃幾口，就失去了讓早餐成為一天中寶貴時光的機會，感覺是種浪費。

話雖如此，我有時候很忙，而早餐的目的就是讓食物進入每個人的胃裡，我會開始嘮叨要孩子快點吃。這種時候，我會停下來反思，然後努力讓早餐時光成為正面的體驗。

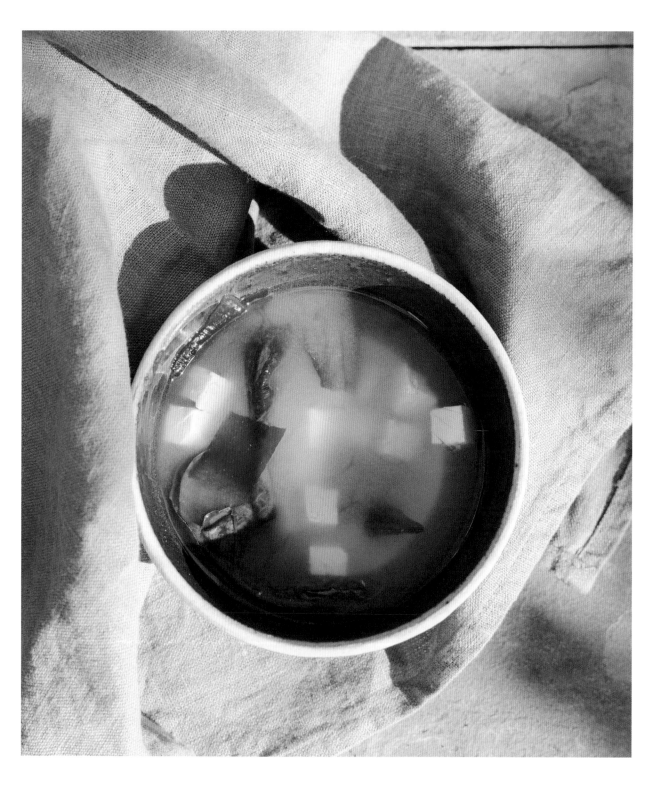

麻理惠的味噌湯

4人份，需要：

3杯水

1塊昆布（約10公分長）

2朵乾香菇

1杯切塊豆腐（軟硬皆可，視個人口味）

1杯切碎的菠菜

1湯匙乾燥的裙帶菜（也可以不使用）

2湯匙自製味噌（請見後面的味噌食譜），或是在商店購買味噌醬

我們家每天早餐都有味噌湯。製作方式很簡單，你只需要高湯、味噌和一些蔬菜或其他材料。我盡可能自己做味噌醬和高湯，但用購自商店的味噌和高湯也能做出美味的湯。製作自己的味噌醬也很容易（請參閱後面的自製版本食譜）。你只須把煮熟的大豆搗碎，加入鹽和米麴，好好攪拌，將混合物放入密封容器中，讓它發酵，大約六個月後就能用了。而且這能保存很久，所以如果我一次做3.6公斤，一年就只需要做一、兩次。

想做出簡單又美味的高湯，可以將一條昆布（乾海帶）和幾朵乾香菇浸泡一夜。如果你比較沒時間，可參閱以下的變化版本以快速完成。

你可以隨意客製化味噌湯配料——我喜歡添加豆腐、菠菜和裙帶菜，但可以加入任何能讓你開心的東西。

把水倒入一個中等大小的鍋子裡，加入昆布和乾香菇，浸泡一夜。

你準備好做湯的時候，把鍋放在中火上。在水沸騰前關火，用漏勺把昆布和香菇撈出來，切成細絲，然後放回鍋中或留作其他用途。

加入豆腐、菠菜和裙帶菜，用中火將湯汁煮沸。把鍋子從爐子上移開。

把味噌放在一個小碗裡。用勺子將高湯慢慢加入碗中攪拌，直到味噌完全溶解。將味噌倒入鍋中，攪拌進高湯。

鍋子放回爐上，開小火，把湯煮沸。沸騰後立即將鍋子從火上移開，將湯舀入碗中，即可上桌。湯在做好的當天味道最好。

變化版：想快速上湯，可用一茶匙的速溶高湯粉或鰹魚湯代替昆布和香菇。用大火將水煮沸。轉小火，加入粉末，攪拌至溶解。剩下的步驟請按照食譜進行。

味噌

把黃豆放在一個有蓋的大鍋裡，加入溫水蓋住。晃動大豆，然後在濾鍋中瀝乾。重複這個過程兩、三遍，直到水變清，而且表面沒有泡沫。將沖洗乾淨的黃豆放回鍋中，加入足量的水，蓋住黃豆約7到8公分高。將豆子浸泡一夜或至少十小時。

把浸泡過的豆子瀝乾，放回鍋裡，加足夠的水蓋住。用大火煮沸，然後轉小火慢燉，用鍋蓋蓋住一半，好讓蒸氣逸出，這樣煮二到三小時，直到豆子軟到可以用拇指和小指捏碎。不時攪拌以防止豆子黏在鍋底，並依需要添加更多水以保持豆子被水浸沒。

做出3.6公斤的味噌，需要：

900公克的乾大豆（盡量選有機的）

900公克的乾米麴

450公克的鹽，加上要用於淋撒和調味的鹽

瀝乾豆子，但別把煮豆子的水倒掉。拿出馬鈴薯搗碎器，將溫熱的豆子、皮和一切搗碎，直到變成泥狀。你也可以將豆子放進強韌的塑膠袋裡，用手掌或擀麵棍搗碎。請注意：熱豆子比涼掉的豆子更容易搗碎，所以動作要快。搗碎後，讓豆子冷卻到至少30°C，然後再加入米麴。

在大碗裡，混合米麴和鹽。加入搗碎和冷卻的大豆，用大勺子充分混合。用手把混合物壓成棒球大小的堅實球體（每一顆直徑大約7.5公分）。如果混合物太乾沒辦法形成球體，可加入少許煮大豆的水，直到球體成形。將一顆顆球體牢牢壓進有蓋子的大型密封容器裡。將味噌塑造成容器的形狀，這樣味噌球之間或味噌和容器之間就不會留有氣泡。確保味噌的頂面平整光滑。

在表面輕柔而均勻地撒上鹽，然後將一張保鮮膜或羊皮紙緊緊地壓在表面上，以確保味噌和塑膠膜之間沒有空氣。將一袋1.8公斤重的鹽袋放在塑膠膜上，將其壓下，然後把蓋子蓋在容器上。

存放在陰涼黑暗的地方，例如儲藏室或抽屜裡，等至少六個月再開封。發酵完成後，味噌可以在冰箱裡的密封容器中保存一年。

家庭的早晨就像指揮交響樂

想擁有快樂的早晨，關鍵就是不要太匆忙。我認為給自己一點額外的時間是很重要的。我的丈夫在四點左右起床，所以我在六點起床的時候，他已經完成了不少工作。我在六點半叫醒孩子，好讓他們能開始準備上學。在孩子出門之前，我們會坐下來一起悠閒地吃早餐。我的家人就是這樣度過快樂的早晨。

想騰出額外的時間，關鍵是一定要把早上需要的東西都歸放到指定地點，方便使用的地方。例如，孩子們在準備上學之前，會需要梳子、書包和水瓶之類的東西。我們將這些東西放在明確的指定位置，以便孩子醒來時一切能順利進行，不會浪費時間四處找東西。

為了讓孩子按時起床，我們會確保他們早點睡覺。睡覺前，他們先選好隔天要穿的衣服，這減少了隔天早上做準備的時間。如果他們起得晚了，可能時間不多，就會把菜單換成容易吃的手抓食物，像是加了營養配料的飯糰。如此一來，我們就不用嘮叨孩子動作快。

不管你有沒有孩子，方法都是一樣。請考慮一下晚上可以做些什麼來避免隔天早上匆匆忙忙，然後提前做好準備，讓一切盡可能順利。

只要時間充裕，你的早晨一定會為你激發喜悅。

何不給自己一個可愛的早晨，配上你最喜歡的音樂呢？

請好好考慮如何客製化你的早晨

在本章，我描述了我認為和家人住在美國的理想早晨。內容發生了一些變化，連同我的生活方式，因為我從單身工作者變成已婚人士，再到為人母。然而，基本的時間流動其實沒有多少改變。

當然，我沒能從一開始就達成理想。老實說，在我單身時，早晨常常又急又趕，結果根本不記得自己做了什麼。如果不小心睡過頭，整個早上就毀了。

直到有一天，我開始認真思考，對我而言，「理想的早晨」究竟是什麼樣子？

於是我開始在筆記本寫下早上想做的事，依照時間軸規畫行程，並從雜誌剪下豐盛的早餐照片，貼在筆記本上。我每天都會翻閱筆記本，而當我發現自己忘了筆記本的存在時，我已經在過自己的「理想早晨」了。

根據我的個人經驗，我相信如果能讓早上起床到出門這段時間過得充實愉快，就能大幅提升一整天的怦然心動感受度。

值得注意的是，並非只有悠閒的早晨才是理想狀態。某位客戶曾經跟我說，她希望早上起床後只要十分鐘就可以出門，盡量在外面度過上班前的早晨時光。為了做到這一點，她前一天晚上必須做好所有準備，一起床就淋浴、更衣、化妝，然後出門到附近咖啡店吃早餐。你可能認為實現理想的早晨是不可能實現的夢想，但你一旦整理好家裡，理想的早晨通常會很自然地發生。

那麼，你想如何開始你的一天呢？什麼樣的早晨會提升一整天的怦然心動感受度？

清潔劑的數量要減至最少

我還在念書時，有一陣子只要媽媽不在家，我就會主動打掃家裡。當時我並不是想要孝順媽媽、幫忙分擔家事，而是因為我壓抑不了整理的衝動。我很想整理自己房間以外的區域，所以透過打掃家裡來阻止自己整理其他人的房間。打掃時我會以漂白水清理廚房排水口，清洗換氣風扇的油垢，並擦拭窗框，依照不同用途使用各種清潔劑，清理其他人都沒察覺到的髒汙，這種感覺真的很舒暢。

但現在，我家裡幾乎沒有任何清潔劑。現在我只針對廚房、洗衣機周邊以及廁所，各準備一瓶清潔劑，除此之外，還有一包小蘇打粉，如此而已。刷洗浴缸時，我完全不用清潔劑。放掉溫熱的洗澡水後，我會用蓮蓬頭淋冷水，等浴缸溫度降下來之後，再拿打掃專用的抹布擦乾水分。以前住在家裡時，媽媽都會用蓮蓬頭淋冷水的方式清洗浴缸。我很不喜歡浴缸專用清潔劑的化學香味，後來決定仿效媽媽的方法清洗，發現效果相當好，不用清潔劑也很乾淨。每次清洗浴缸，我拿抹布擦乾水分時，會對著浴缸說：「今天也謝謝你讓我洗去身上的汙垢，感覺神清氣爽。」「你完全沒有發霉，真是太棒了！」

以前我會買專用清潔劑擦拭木質地板，但現

在只用到處都買得到的白色棉質抹布溼擦。擦完地板的白色抹布難免會留下黑色髒汙，看起來確實不賞心悅目，於是我採取視而不見的態度因應。我將抹布徹底清洗、晾乾，使用與折疊衣服相同的原則折疊起來，然後存放在讓我感到開心的專屬盒子裡。如果抹布已經髒到無法忍受的地步，我就會拿來擦拭窗戶或紗門，擦完就丟。

清洗廚房瓦斯爐時，我也不用清潔劑，而是
只用熱水迅速擦過。這是我從客戶身上學來
的方法。只要使用後立刻清洗，用水或熱水
就能輕鬆去除油垢。

我認為不過度使用工具，才是輕鬆維持打掃
習慣的祕訣。當然，有些人，比如專業的清
潔工，可能需要使用各式各樣的清潔劑來滿
足特定需求，而一些人可能只需要偶爾使
用，像是為了去除已經牢牢固定的汙垢。如
果你很喜歡蒐集和嘗試不同種類的清潔劑，
這麼做也能感受到美好的喜悅。

但就我而言，為我帶來喜悅的是簡單的方
法，只需要一種清潔劑，好讓我不必費心思
考或選擇。幸運的是，環保的「一瓶搞定」
萬能清潔劑，現在很容易找到。

你在檢查家中的清潔劑時，如果發現你並沒
有使用其中一些，何不趁這時讓它們離開，
並嘗試更簡單的方法？不再堆著亂七八糟清
潔劑的整潔櫥櫃，可能真的會激發你開始清
潔。在不知不覺中，夢想中讓你怦然心動、
充滿歡樂的家就實現了。

第五章
————

讓你怦然心動
的一天

為了讓一天充滿喜悅，請想想你運用時間的所有方式，從你出門跑腿到與之互動的人們。學著識別日常生活中哪些活動為你帶來快樂，哪些卻浪費了寶貴的精力，你就能整理日常生活，並享受改變人生的成果。

請慎選你的活動和行程

你有沒有發現，你的日常生活比自己希望的更忙？你是否感到筋疲力盡，或是有太多事要做？

我有時候也會這樣。當這種情況發生的時候，我會盤點一下自己如何利用時間。我會翻開萬用手冊，列出平時會做的所有事情。然後評估我是不是在無關緊要的事情上浪費時間，以及是否有任何可以剔除的項目。

列出我們所有的日常活動，包括工作、會議、家務、雜項任務、愛好、娛樂、課程、健身以及與親友共度的時間，這麼做能幫我們確定哪些運用時間的方式能帶來喜悅。透過這種自我反省，我們還可能發現自己養成了不必要的習慣，例如在網路上隨意瀏覽新聞報導，在搜索某些東西時被吸引到購物網站，或每次經過廚房時跑進去找東西吃。

寫下如何度過自己的時間，這麼做有助於找出你在哪些地方浪費時間。這也能幫助你思考如何更有效地利用時間，例如改變處理家務的方式，或改變準備飯菜的順序。

我總是檢查是否有騰出用來放鬆和休息的時間。讓自己有時間發呆片刻，這讓我在處理其他事務時會更有效率。

有時我會反思自己，有時也反思丈夫。這能幫助我識別自己容易忽視的習慣。如果我發現一個壞習慣，比如我在跟家人共處時吃太多零食，我就會把這個壞習慣宣布出來。下一次跟家人共處、漫不經心地伸手去拿零食時，我就更有可能在開始嚼東西之前阻止自己。這就是為什麼我建議你告訴家人，你想戒掉哪些習慣──如此一來，你就更有可能注意到並阻止自己。

把所有事情都寫下來，或找個人諮詢我們使用時間的方式，這能幫助自己更加意識到浪費了多少時間。

我的客戶在查看了她的日程安排後，意識到想花更多時間陪伴家人。她有意識地增加了與家人的交流，還計畫拜訪住在遠方的家族成員。她改變了利用時間的方式，這讓她與家人更親近，也加深了她的家族羈絆。

請花時間查看你做的每一個活動。是否值得被安排在你的生活中？也許你會想重新安排你的一天，把時間花在更珍貴的事情上？

整理一下每天使用時間的方式，就能讓人生充滿令我們怦然心動的事物。

打造和諧的家庭行程

對父母而言，養育孩子可能相當具有挑戰性。相信我，我能理解。如果你是父母，一個永無止境的問題是如何平衡工作和育兒，另一個問題是如何與家人和周圍的人建立支持系統。

以我們家為例，我和丈夫創造和諧家庭的重要方法，是確保每個家人都有獨處的時間來專注於各自需要完成的事情。孩子的行程中有很多內容是無法改變的，所以我們首先要讓自己的行程與孩子一致。和孩子在同一個時間點睡覺，早上四點起床上班，這似乎最適合丈夫的節奏。相較之下，我喜歡在孩子外出上學時完成我最重要的項目。我們會調整自己的工作時間表，以便在孩子回家時，我或丈夫能陪伴他們。當然，我們倆都出差時，會安排別人來接孩子放學、照顧他們，直到我們回來。

每個人的節奏不一樣。有些人發現在早上更容易騰出時間。有些人在晚上精神最好。重要的是父母互相協商，確保能在一天中最容易集中注意力的時刻安排一些私人時間。與其假設「因為我們有孩子，所以永遠無法獨處」，不如改變心態，接受「把這段時間納入一天中的排程」這項挑戰。

作為遊戲時間的一部分，教你的孩子如何整理

在我們家，會把「做家務」和「整理」作為遊戲時間的一部分。以前，我會趁孩子上學時，試著把所有家務做完，結果沒能完成任何工作，然後必須在孩子回家後繼續忙碌。後來有一天我突然想到，應該和孩子一起做家務。

我在縫鈕扣時，孩子也想試試，所以我讓他們在毛絨玩具的外套上縫了一個。我在疊衣服時，宣布「該疊衣服囉」，他們就會立刻加入我。之後，我們可能會決定接下來是點心時間。

我們也把整理融入遊戲時間。如果孩子玩積木時決定要畫畫，我會說：「可是我們需要先把這些收起來，對吧？」邊玩邊整理，這已經成為他們遊戲中很自然的一部分。遊戲結束後，他們可以看電視。因為知道必須先收拾東西，所以他們會迅速地把所有東西都收好。整理過程很容易，因為他們所有的玩具都有固定的位置，只要放回所屬的地方就行了。

對我們的孩子而言，整理已經成為一天中很尋常的一部分，而不是「就算討厭也得做的事」。我認為這是因為，從他們還是蹣跚學步的孩子開始，我們就給他們養成了「玩完每個玩具或活動後，先收拾好，再進行下一個」的習慣。

如果孩子似乎累積了太多玩具，我們就捐出一些。因為我們總是決定好在哪裡存放每一個玩具，所以孩子從一開始就很清楚儲存空間有限。

我會說：「我們買了這個新玩具，可是你們看，沒有地方存放了。為了騰出空間，必須放棄一個你們不再玩的舊玩具。」然後我會建議把玩具送給會更常玩的人，或是問孩子：「玩具會不會因為成為禮物而感到開心呢？」

如果你想為孩子存放任何玩具或嬰兒衣服，請想好要將物品存放在哪裡。整理時有個重點，是面對房子的大小和「收納空間有限」的事實。無論你決定保留什麼，這麼做都會減少擁有的生活空間。例如，在我們家裡，為下一個孩子預留了能存放兩個衣服容器的空間。一旦知道有多少儲存空間，我們就能更清楚地看到應該保留哪些東西。

留心地存放玩具

我在整理玩具時，會使用各式各樣的箱子來存放較大的物品，籃子和盒子則用來存放較小的物品。我把所有東西都直立存放，以類別區分。這讓我看到東西放在哪裡，以及我們擁有多少東西，這也讓孩子更容易自己動手收拾。

存放較小的東西時，我推薦使用盒子。有兩種方式。一種是普通方式：使用帶有蓋子的容器，將同一組物品放在一起。另一種是把蓋子當成托盤或隔板，將盒子當作容器。例如，你可以用較深的盒子來裝比較高的東西，像是馬克筆、亮粉、膠水或顏料，然後用蓋子來裝比較小的東西，例如橡皮圖章或磁鐵。半透明的夾鏈袋非常適合讓貼紙和摺紙之類的物品保持平整，並且可以直立放置在籃子裡。你甚至可以使用更大的袋子來裝棋盤遊戲的棋子，無須存放在笨重的箱子裡。

在孩子伸手可及的矮架子上，展示最令人怦然心動的玩具。這些精選物品能鼓勵孩子使用，而且可以不時更換玩具，以保持新鮮和刺激感。

保持工作生活整潔

在我的經驗中，人生的某個階段成為工作狂並不一定是壞事。我二十歲左右時，我每天會上三堂整理課。每節課花五小時，也就是說，我從早上六點工作到晚上十一點。但我當時還年輕，想把這段時間投入工作中。

在工作和私人生活之間找到舒適的平衡點，這不僅因人而異，也取決於每個人處於生活中哪個階段。重要的是，看清楚你現在想要什麼樣的工作方式，工作和私人生活之間，什麼樣的平衡看起來適合你。

例如，如果某個特定工作是職涯中最重要的目標之一，並且你不在乎是否只剩五分之一的時間能拿來處理私事，那麼可以把行程和人生的那階段以工作為優先。

我們應該避免的，是在對工作感到沮喪時，或不確定這是不是我們真的應該做的事還竭盡心力地工作。在工作時如果缺乏目標或方向感，就會變得隨波逐流，最終感到壓力。這時候該休息一下，反思一下自己的生活方式。

我在開始平衡事業和育兒後，就再也沒辦法像單身時那樣工作。雖然我習慣了長時間工作，但還是不得不放棄。但擁有有限的時間，其實能幫我們找到更有效地使用時間的方法。

正如有限的收納空間會讓我更容易決定要保留什麼東西、存放在哪裡，時間限制其實能讓我更容易地組織時間。

你每天在每一件工作相關的任務上花費多少時間？一星期能完成多少工作？你如何平衡你的時間來完成？工作的哪部分給你帶來最大的快樂？有沒有什麼工作是你出於習慣而做，但其實並不需要做？什麼工作是你能做得更有效率的？有沒有會議是不需要開的？你能採取哪些措施來增加放鬆的時間？花點時間以這種方式反思你的日常工作。

為了快樂的工作生活，請找到適合的平衡點。

陶醉於創意渠道

我想提出一個哲學問題：你認為人生的目的是什麼？

我認為人生最終的目的，是過得快樂又滿足。我的意思並不是「凡事我優先」的自私方式。我們散發幸福的氣息時，這種正能量會散播到身邊的人身上，讓整個世界變得更美好。為了實現這個更遠大的目標，我認為每個人都需要跟周圍的人和諧相處。那麼，在日常生活中需要怎麼做才能讓這成為可能？我認為其中一個要素，是找出我們的創意渠道，並陶醉其中。

回顧一下我們一直想嘗試或小時候喜歡的事情，這麼做可以深入了解哪些創造性活動會讓我們感到滿足。例如，在孩子出生後，我喜歡和他們一起做縫紉和針織之類的針線活。這讓我想起小時候喜歡做的所有事情——甚至包括整理。「整理」成為我的職業後，我才意識到自己從小就喜歡做這件事。

花點時間思考，這麼做能重新發現內心的喜悅。我們長大後很容易忘記小時候喜歡什麼。但停下來查看自然吸引我們的事物時，會發現它們跟給我們帶來喜悅的事物連繫在一起。

我建議你問問自己，哪些創意渠道能帶給你喜悅？增加你花費在這些活動上的時間。發揮你的創造力，例如學習樂器或繪畫，這是每天體驗到更多喜悅的好方法。

有目的地存放小東西

雖然幾乎每個家庭裡都能找到小東西,但「類別」的數量多得令人不知所措,而這就是為什麼分門別類經常為我的客戶帶來困難。目前為止,最多人提出的問題是:「我有這麼多小東西,怎麼可能以一種令我怦然心動的方式來收納?」

收納的基本原則是按照類別收納,所以第一步是把小東西歸類成文具用品、電線、藥品、工具等類別。完成這個步驟後,我建議把「看起來相似的類別」存放在彼此附近。例如,你可以將電線存放在電腦或相機附近,因為這些東西本質上都是電器。又或許,你可以像我的一些客戶那樣,把屬於日常使用類別的小東西存放在電腦附近,例如文具用品,然後辨識接下來的每個類別,彷彿詞彙聯想遊戲。儘管小東西的類別乍看很明確,但經常有一點重疊,像漸變顏色一樣合併,所以在並排收納相似的類別時,可以想像你在房子裡創造一道美麗的彩虹。

整理過程中最令人愉快的一部分,是為嗜好相關的小東西安排收納空間,例如縫紉物品、顏料和畫筆,或是貼紙收藏。這些物品本身就會帶給我們喜悅,所以請想想如何讓「打開存放它們的盒子」這個動作也變得愉快。為此,我建議使用特殊的存儲物品,例如古董風格的可愛盒子,或是精心挑選的容器。我在這方面很挑剔,所以目前沒有很多與嗜好相關的容器。但是在這方面花費更多時間絕非壞事,因為根據自己的愛好和興趣來選擇想要什麼,連同選擇用來收納的容器,這過程可說是一大享受。

最近,我開始和孩子們一起刺繡。我找到一把可愛的古董剪刀,能讓這個活動變得更有趣。我喜歡瀏覽不同的古董店來挑選類似的東西,但我如果沒有時間,就會上網逛逛。如果你也喜歡做手工藝品,我相信你一定能理解「尋找相關物品」帶給我多少喜悅。

你可能會擔心自己積累了太多與嗜好相關的物品,但我完全贊成你繼續蒐集下去。只要某個東西讓你怦然心動,就不需要丟棄。即使這需要更多時間,我還是鼓勵你以讓自己快樂的方式來存放。

運動有助於你的能量流動

每天早上，送孩子上學，收拾廚房，把一大堆衣物扔進洗衣機後，我和丈夫會出門走走，利用這段時間來關心彼此的狀況。我們的散步時間也經常是工作會議。

我發現，透過這種令人愉快且富有成效的方式，將運動融入日常生活，我就更可能堅持下去。

如果你發現自己討厭運動，請更深入找出原因。有沒有什麼動作會讓你感到開心？有些人喜歡跳舞，有些人在健走時獲得靈感。其他人（例如我）喜歡在早上或晚上練瑜伽，甚至透過打掃或吸塵來進行日常運動。

哪些動作會帶給你喜悅？你要如何把運動變成日常練習，讓能量經過你的身體？這些充滿喜悅的動作，能成為你的活力源泉。

擦地板是靜心時間

按照日本的習俗，小學生必須打掃教室和學校走廊。其中一項工作是擦地板。他們會把所有課桌椅推到牆邊，抓起一塊溼抹布，擺出類似「下犬式」的瑜伽姿勢，膝蓋微彎，手臂和背部打直，將抹布推在身前，沿著教室的長度來回移動，直到擦完整面地板。完成時，地板會乾淨得閃閃發亮。我在這種文化中長大，所以總是會在吸塵後用這樣的方式擦地板。

我看過一本介紹「整體」按摩（結合了穴道按摩和脊椎按摩）的書，書中表示日本的擦地方式是理順身體中的氣結、恢復平衡的理想選擇。我覺得這很合理，因為我這樣擦地板五分鐘後，呼吸就變得更輕鬆，背部變挺，身體狀況也比以前還要健康。身體變得端正後，內心狀態也跟著變好，我在處理各種事情時能快速做決定，也不會因為一點小事就焦躁不安。從這層意義上看，擦地板就像在做家務時練習瑜伽或靜心。另一方面，自從我親自動手擦地板後，發現擦地板就是在跟房子說話。地板是支撐一個家的基礎，用我的雙手清潔，能幫助我感受自己與房子的連繫，讓我更加感激。我把注意力集中在「我多麼感激房子一整天給我的支持」時，

房子似乎也做出了回應，拋光後的地板感覺更溫暖了。

當然，聘請專業清潔工或使用拖把來清潔地板，尤其在大房子，可以幫助我們更有效地利用時間。從我開始在美國生活以來，也一直僱用專業的清潔工。但我其實很喜歡打掃地板，所以有時我還是會蹲下來擦拭，視為一種令我愉快的運動。

根據風水學，如果把地板——家的基礎——清潔乾淨，就能招來喜訊，增加財運。如果你感到煩躁或沒有機會出去鍛鍊身體，何不試試擦地板？這麼做對身心都有好處，對房子也有好處，說不定也能增加你的好運喔。

花點時間喝茶

我總是確保每天茶歇三次：一次是早上送孩子上學後，一次是下午暫時放下工作，一次是睡前。茶歇時，我會避免查看手機或筆記型電腦。我會坐在沙發上，邊聽古典音樂邊放鬆。

長時間連續工作會降低效率。當我們身心疲憊時，頭腦很容易卡住，在同一個念頭裡打轉。從工作中抽出時間享受一杯美味的飲料，是擺脫這種模式的好方法。

所以我建議，一開始就在一天的行程裡安排休息時間。就算只是休息十或十五分鐘，也能發揮效果。當然，你可能更喜歡其他類型的休息方式。請想想怎麼做最感到精神振奮。出門到附近走走？靜心片刻？下午來杯濃縮咖啡？

茶會為我帶來喜悅，所以我會確保手邊有各式各樣的茶類，包括紅茶、抹茶、中國茶和花草茶。至於選擇哪種，就看我在當天是什麼心情。

抹茶拿鐵

抹茶，傳統的綠茶粉，現在美國也很流行。我喝抹茶時，喜歡用一個小小儀式來做準備，使用傳統的竹量勺和竹茶刷。每個動作——從量茶到攪拌、再到喝茶——都讓我非常放鬆，就像靜心，這讓下午茶時間變得格外特別。我們家最近最喜歡的東西是一臺抹茶濃縮咖啡機，能把茶磨成粉末，做成美味的抹茶拿鐵。但正如接下來將看到的，你不需要任何花俏的設備，也能在家自製抹茶拿鐵。

把水加熱到80°C或沸騰前的狀態。用細網篩把抹茶粉篩入馬克杯。加入熱水，將抹茶和水攪拌至充分混合、起泡。使用濃縮咖啡機、電動牛奶起泡機或手持式起泡器的蒸氣棒，加熱牛奶，使其起泡。將起泡的牛奶倒入馬克杯中，再次攪拌。加入甜味劑調味，即可享用。

1人份，需要：

1/4杯水

1湯匙抹茶粉

1杯你選擇的牛奶

你選擇的甜味劑

珍惜那些令你怦然心動的人際關係和社交活動

你生活中的人際關係是否給你帶來喜悅？

如果我們希望生活能激發喜悅，就需要考慮與家人的關係，以及與同事、朋友、鄰居和不同群體的成員的關係。請花點時間反思每一段關係。

如果你覺得某一段關係缺乏喜悅，建議你檢查可能的原因，並誠實地反思自己的感受。也許你會注意到一些讓你們之間產生壓力的事情，或意識到性格差異使你們很難相處。在這種情況下，你和他們在一起時，請想想具體的策略來讓頭腦平靜下來，這麼做會很有幫助。例如，你可以要求自己每次經過那個人身旁時跟對方打招呼。如果就是沒辦法相處，可能會決定退出這段關係。以這種方式調整人際關係時，重要的是要專注於「建立能為你激發喜悅」的人際關係。

對我而言，另一個重點是關注那些改變了我的人生的人，並真正感激他們。曾經有人告訴我，他會寫下感激的每個人的名字。這似乎是個非常好的點子，我也採用了。我非常建議你也這麼做。在筆記本寫下他們的名字，同時回想他們為你所做的事情、他們以哪些方式支持你。你提醒自己多麼感激他們時，會意識到你跟他們的關係有多麼寶貴，也自然會開始以更大的善意對待他們，更頻繁地感謝及聯繫他們。這會讓你們的關係更輕鬆。

回饋你的社區，就能培養感恩之心

「為社區做出貢獻」似乎是美國文化不可分割的一部分，也是我移居美國後更深刻體會到的態度。例如，我在幫助一個社區整理他們的教堂時，每個人的貢獻方式清楚地表達了他們經常互相支持，這也提醒我這種非常自然的行為的重要性。

雖然我不再住在日本，但仍會想著如何回饋我的祖國。其中一種方式，是分享日本美好的手工藝和文化。當然，其中很大一部分，就是介紹源自日本文化根源的怦然心動整理法。但我也可以分享其他東西，像是品質精良的傳統土鍋和便當盒。我可以透過網路商店將它們介紹給更廣泛的受眾，而不僅僅是在自己的個人生活中使用。又或許，我可以跟設計師合作，把最喜歡的日本有機棉做成衣袋和洗碗巾之類的東西。我還可以分享日本傳統文化習俗，例如插花、茶道，以及將戶外鞋留在入口處的習慣。即使我不再住在日本，我還是可以做出貢獻。一想到可以回饋自己出生和長大的地方，我就感到喜悅。

在考慮如何回饋社會時，一個好的起點是考慮你所屬的社區類型，並自問在該社區中可以做哪些事情。

你能貢獻什麼？如何幫忙？能否捐贈什麼給組織？即使你現在找不出具體行動，還是可以考慮如何向那些正在做出貢獻的人表達感激之情。你能做些什麼來讓社區中的其他人更開心？你能否介紹一種

新的方法或技術，來幫助事情更順利進行？或是建議大家消除某種不再滿足社區需求的過時方法？

想些辦法為社會做出貢獻，讓每一天都充滿喜悅——這麼做不僅是為了你，也為了周圍的人。

第六章
———

讓你怦然心動
的夜晚

為確保你的夜晚充滿喜悅，讓我們來看看你是如何度過從晚餐到睡覺的時間。你想如何過完一天？

你最喜歡的家庭食譜，
強化家庭成員的連結並促進健康

如果你和家人住在一起，想讓晚餐時間充滿歡樂，就先想想你們怎樣才能坐在一起。如果你一個人住，可以想想如何為生活環境增添喜悅，像是選擇最喜歡的桌布或餐墊，以獨特的風格布置餐桌，使用裝飾性的筷架，或在桌子上放一瓶花。在忙碌的一天結束時，與家人或自己拉近關係，這麼做很寶貴。和別人一起用餐時，可以彼此分享一天裡發生了什麼有趣的事。

和早餐一樣，我們家的晚餐幾乎都是日式的。為了確保家人吃到開心的健康膳食，我們計畫的菜單包括發酵食品，並提供營養均衡的蔬菜和蛋白質。我們的孩子還小，但他們喜歡我做的芝麻醬菠菜。他們喜歡的另一道菜是黑醋雞翅，這是我媽媽傳下來的食譜。

如果你有父母或祖父母的食譜，而只是寫在便條紙或食譜卡上，何不藉此機會讓它們閃閃發亮？找來並裝飾一個你喜歡的文件夾或盒子，或是設計你自己的容器。這不僅方便整理食譜，還能以一種持續為你帶來喜悅的方式儲存。

如果所有的食譜都在烹飪書裡，但只有某些適合你，你可以做成剪貼簿。當然，你可以好好收藏喜歡的烹飪書，我自己也有很多。但是，如果有任何書是你不常使用，或似乎不適合當前的生活方式，可以影印和編輯你喜歡的食譜或照片，來製作自己的原創食譜書。

仔細思索哪些食譜真正令你怦然心動，就能製作一系列的餐點，不僅滋養你的身體，還能滋養他人。

芝麻醬菠菜

4人份，需要：

1湯匙烤白芝麻

少許鹽巴

6杯菠菜

1茶匙半的醬油

菠菜富含鐵質，芝麻則是抗氧化劑。這道菜營養豐富，製作簡單，是日本家常菜之一。

首先，用研缽和研杵或是香料研磨機來研磨芝麻。

用大火將一鍋水燒開，加入鹽。加入菠菜，川燙四十五至六十秒，直至菠菜呈鮮綠色且變軟嫩。

把菠菜放在濾鍋裡瀝乾，在變得太軟之前用冷水沖一下。擠掉多餘的水分，將菠菜切成5公分長，放入盤中。

在小碗裡，混合磨碎的芝麻和醬油。把芝麻醬倒在菠菜上，用鉗子拌勻。立即享用。

我媽媽的黑醋燉雞翅

小時候，我媽媽經常給我做這道美味又富含蛋白質的菜。現在我延續這個傳統，經常為家人做這道菜。如果手邊沒有蠔油，可以用額外的黑醋代替。

將兩茶匙醬油倒入淺碗中。用小刀在雞翅的表皮上戳幾下，然後在醬油裡滾一下來調味。

大鍋中用中火加熱芝麻油。加入薑和大蒜，翻炒兩分鐘，直到飄出香味。加入雞翅，必要時分批加入，每面煎二到三分鐘，直到變成褐色。

與此同時，在碗裡混合水、黑醋、蠔油、剩下的兩湯匙醬油、糖，還有清酒。把混合物倒在鍋裡的雞翅上，把醬汁燒開。加入韭菜和胡蘿蔔，轉成中小火，加蓋，燉二十分鐘。

在雞翅上撒上香菜，趁熱上桌，搭配米飯。

注：如果用大蔥代替日本韭菜，請在烹飪的最後幾分鐘再攪拌到燉菜中。

4人份，需要：

2湯匙加2茶匙的醬油

12隻雞翅

4茶匙芝麻油或橄欖油

2.5公分生薑，切成4片

1瓣大蒜，切碎（也可以不使用）

4杯水

4湯匙黑醋或你喜歡的醋

4湯匙蠔油

2湯匙糖

2湯匙清酒、1根日本韭菜或1束大蔥（見注），嫩白色和綠色部分斜切成一口大小的塊狀（也可以不使用）

1根胡蘿蔔，去皮並切成一口大小的塊狀（也可以不使用）

1湯匙切碎的香菜（也可以不使用）

搭配煮熟的白米或糙米

發現發酵的樂趣

我最近開始自己製作發酵食品，像是味噌和甘酒。味道不僅受用的大米、大豆和米麴類型的影響，也受到廚師的「手」的影響。我們的手上有著大量對身體有益的細菌。這些細菌可能偏酸性或鹼性，因人而異，這就是為什麼用手揉出來的味噌味道不一樣——有些更溫和，有些更濃烈——這取決於誰做的，也反映出廚師的差異。這是自行製作發酵食品的樂趣之一。

無數的細菌也生活在我們體內；在感到不舒服或身體虛弱時，這些細菌會幫我們的免疫系統維持良好狀態和平衡。發酵食品中的胺基酸和維生素有助於活化好菌。

所以我建議，花點時間製作或食用發酵食品，來了解你與自己體內菌叢的關係。你懷著感激的心情去思索時，會更欣賞自己的身體。

甘甜的甘酒

甘酒是傳統的日本發酵飲料，由米麴製成。味道微甜，酒精濃度低。保持合適的溫度，對成功發酵至關重要。如果混合物太熱或太冷，米飯就不會發酵，所以在此步驟請格外小心——建議使用電子壓力鍋或電鍋——而且一定要準備快顯溫度計，以便隨時維持適當溫度。

在帶蓋的中型鍋裡，用大火將水煮沸。加入米飯，轉小火，蓋上鍋蓋，煮十五分鐘，直到米飯變軟且均勻。或者，如果你是使用電鍋，請選擇「okayu」（煮粥）的功能。

讓米粥冷卻至54°C至60°C之間的溫度，加入米麴。（請記住：維持這個溫度範圍乃是關鍵。）

將混合物放入「低火」模式的電子壓力鍋或「保溫」模式的電鍋中，發酵八小時，不蓋蓋子，直到甘酒變甜，看起來像米粥。在發酵過程中，攪拌混合物，並每兩小時測量一次溫度。如果溫度過高，攪拌混合物以降低熱量，並用溼毛巾蓋住炊具頂部，以防止水分蒸發。

把甘酒放在小杯子裡，當成熱飲或冷藏之後再喝。如果繼續發酵，甘酒會變酸，因此請將任何剩下的混合物煮沸，以停止發酵過程，然後存放在密封容器裡，在冰箱裡可存放最多十天。

8到10人份，需要：

8杯水

2杯日本白米或糯米，洗淨

2杯乾米麴

來自我外公的教導

作為針灸師，外公曾治療過相撲選手，幫助他們預防受傷或幫助傷勢復原。他還上過電視節目，解釋按壓耳朵和腳底的某些部位對健康的好處。或許這就是為什麼母親也是健康狂人，熱中於追隨書籍和電視上吹捧的最新健康撇步。而我在成長過程中也難免受他們影響。

媽媽會在我耳朵上夾一個衣夾，說：「如果刺激這個穴道，就能讓妳耳聰目明，還能改善妳的肌膚狀況。」我聽得很專心。在我上高中時，在足弓前部貼上膠帶是最新的健康熱潮，我也迫不及待嘗試了一下。我不知道那麼做是否有效，但現在回想起來，我意識到那會刺激腳底的穴道，改善血液循環。

母親和外公也教了我很多關於健康食物與烹飪的知識。媽媽會做克非爾飲品（kefir，又稱「牛奶酒」或「鹹優格」），還會把蔬菜殘渣煮沸、過濾，做成很稀的高湯。雖然這種湯味道清淡，一點也不好喝，但在喝了之後確實感覺更健康了一些。

穴道按摩和蔬菜湯都能改善體內循環，有助於腸道功能。為了防止便祕，我一定攝取充足的纖維和發酵食物，並大量補充水分。只要我們的腸道正常工作，就能改善全身的液體循環。

許多客戶告訴我，「整理」所帶來的一個奇怪效果，一旦清理了家中那些不會帶來喜悅的東西後，身體就會自發地清理腸道。雖然沒有什麼科學證據能證明這方面的關聯——可能是因為暴露於灰塵或其他因素——但這確實是許多客戶提到的現象。我們的思想和身體是相連的，所以你在收拾東西的同時，請想像你也在清理自己的消化系統。你可能會發現血液循環有所改善，膚質也變得更好。

盡情享受不方便的生活

從事整理工作後，我見證了家中隨處可見的「便利商品」流行史的變遷過程。例如製作洋芋片的工具、可清洗並重複使用，取代保鮮膜的矽膠膜、食物沒吃完時用來密封袋口的密封夾、無須使用洗衣粉的洗衣環等。有些商品問世之後不斷改良，成為一般家庭必備用品；有些則令消費者覺得難用，沒多久便銷聲匿跡。

有趣的是，近年來，越來越多客戶似乎在追求與「便利」相反的東西，自己做醃製食物——甚至自己做味噌。食用發酵食品成了另一波健康熱潮，因為人們重新發現它們能幫忙恢復腸道平衡。在這些客戶的啟發下，我也開始自己做味噌（請見第四章的味噌食譜）。雖然這需要時間，但我在等待每批味噌完成的期間總是感到興奮。

這種「願意為了製作某樣東西而忍受麻煩」的意願，不侷限於製作發酵食物。也有客戶向我提供自製的培根或自產的胡蘿蔔。這方面也不侷限於食物。有人開始使用布質衛生棉，還有人重拾裁縫這個昔日嗜好。

在整理過程中，有越來越多客戶陸續減少不實用的「便利」商品，並積極選擇比較不方便的生活方式，而且樂在其中！

理由很簡單。出現這種現象的原因就是，只要完成整理，生活中的閒暇時間就會變多。其實，完成「整理節慶」的人，最大的改變就是運用時間的方法。他們不僅省下使用吸塵器、挑選今天要穿什麼衣服的時間，就連花在找東西、做決定之類的時間也變少了。以前花在這些不算愉快的任務上的時間，現在被解放了。把家整理好，似乎會培養一種「更認真過生活」的強烈願望。

以前，我拜訪了一對夫婦，他們在幾年前已經完成了整理節慶。完成整理後，他們從東京搬到鄉下居住，一邊養育小孩，一邊過著務農生活。他們這麼對我說：「我們家沒有電視，東西也比以前少很多，但我們現在覺得很富足。」他們看著四歲女兒在庭院裡開心拔雜草的模樣。客戶表示：「其實，這可能是培養她成為真正的『智者』的完美環境。略顯匱乏的生活讓人學會忍耐、激發智慧、感謝習以為常的事物。」

透過放鬆和靜心來場心靈度假

雖然我每天早上、下午和晚上都會抽出時間來放鬆一下，但因為要照顧小孩，所以很難找到時間靜心。我單身的時候，可以把靜心安排到行程裡，但現在我是在做其他事情的同時靜心，例如在出去散步、睡前做伸展運動、打掃家裡或做飯時。做這些活動的同時，其實就可以靜心。我可以在任何簡單的、重複的動作中讓頭腦變得清醒，例如切菜做義大利雜菜湯時。我唯一需要做的，就是全神貫注於手頭的任務。當任何想法或感覺出現在腦海中時，我會放手，不會緊抓住它們。

日本佛教僧侶將寺廟的雜務（例如打掃），視為一種靜心練習。這樣的任務可以在不思考的狀況下完成。專注於動作，可以清空頭腦中的雜念。

在日常生活中加入可以讓頭腦清醒的時刻，你就能逐漸增加每天靜心的時間。

期待你的夜間儀式

我在上大學時，總是在追尋最流行的睡前儀式。雜誌文章倡導面部按摩、睡前伸展操或瑜伽，我虔誠地遵循這些撇步，沒有一天鬆懈。我在那時候就是完美主義者，覺得如果要嘗試某件事，就必須「快速、徹底、一口氣完成」。但畢業後開始工作時，變得非常忙碌，沒辦法天天做到。我經常沒卸妝就睡覺，更糟的是會在地板上打瞌睡，臉壓在筆記型電腦上。

透過反覆試驗，我逐漸找到了適合自己生活的理想睡前作息。如今的我已經結婚生子，我的睡前作息通常是這樣：一同吃完晚飯後，我讓孩子在七點半上床睡覺，睡前講一些故事給他們聽。丈夫通常也同時間上床睡覺。由於他的工作需要跟在日本的人交流，所以他經常要在凌晨四點之前起床。等大家都睡著後，就輪到我放鬆了。這時候我會收拾廚房，準備隔天的食物，查看電子郵件，並確定隔天的行程。然後我會為自己泡杯茶，反思我的一天。我注意自己應該感激的事情，或是想換個什麼方式做事，或該改進什麼時，我會記在筆記本上。

作為早起的人，我沒有固定的就寢時間。一早起來可能會點一些精油，塗抹一些護膚品。有時我也會做些伸展操來放鬆身體。我的目標只是放鬆，這樣就能睡個好覺，而我需要什麼則是依據當天的需求。

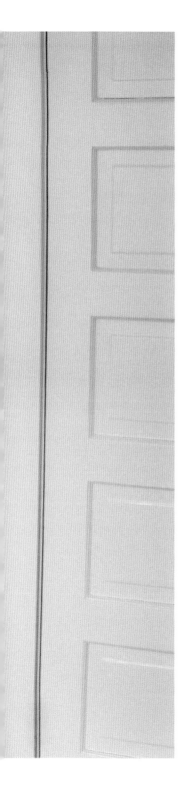

與其遵循一套固定的儀式，我更關注的是不該做什麼。例如，我會避免做刺激自主神經系統的事情，像是喝冷飲或上網。

我如果有額外的時間，會在浴缸好好泡個澡。在日本，浴缸很深，我們通常每天泡一次。這能有效地讓身子變暖、放鬆。因為日本的房屋通常太小而無法提供太多隱私，所以洗澡時間也是難得可以享受獨處的機會，使得這段時光顯得格外特別。只需花點時間在浴室裡添加你最喜歡的浴鹽或點燃蠟燭，就能洗去疲勞，幫助你睡個好覺。

又或許，如果你是早上洗澡的類型，這也讓你有機會清潔身體和心靈，讓你開始新的一天。

不同的地區和國家，可能有非常不同的風俗習慣和條件。在一些地方，水資源稀少而昂貴，所以人們小心翼翼地節約用水。自從搬到美國後，我不再每天泡澡，而是沖澡或泡腳。依據居住的地方而改變令你怦然心動的元素，這是體驗其他生活方式的樂趣之一。

不論你喜歡泡澡還是淋浴，目的都是一樣：清潔。在日本，清潔身體被視為一種淨化行為，不僅能洗去身上汙垢，還能洗去白天積累的所有負面想法和壓抑的情緒。不管是什麼形式，洗澡都是我看重的習慣。

一個良好的夜間儀式，能幫我們在醒來後感覺神清氣爽，宛如重生。我們會感覺彷彿整個人回到適當的狀態——就像每件物品都完美地放在專屬的收納位置。彷彿睡覺時腦袋裡的東西自動整理好了。迎接我們的可能是一閃而過的洞察力，解決了一個棘手的問題，或讓我們意識到「擔心」完全是浪費時間。對我而言，芳香療法、瑜伽和睡前泡澡都有同樣的提神作用。

早上醒來時，我們的心靈和精神都煥然一新，更能選擇那些能讓一天變得順心的行動。從這方面來看，就寢時間可能是一天中實現理想生活方式最關鍵的部分。

睡衣要選擇棉質或絲質衣物

以心動與否來挑選物品並完成整理，這個過程能充分提升一個人的「怦然心動感受度」。意思其實很簡單，就是讓我們的五感變敏銳，也就是味覺、嗅覺、觸覺、視覺、聽覺等所有感官，能敏銳感受到「自己舒不舒服」。以心動與否為基準重複判斷選擇的過程，可以輕鬆磨練生物本能的感覺。

在所有五感中，可以藉由整理大幅提升的感官，就是嗅覺和觸覺。當然，整理的過程也發展了我們的視覺。首先，由於整理過程中，家裡物品的數量會越來越少，我們會很容易一眼判斷出不需要的東西，再加上考量收納的美觀度之後，可以進一步突顯視覺美感。不過，人類在判斷事物時，主要從視覺來判斷，所以視覺本來就很敏銳。以提升程度而言，變化較大的自然非觸覺和嗅覺莫屬。

而這就牽扯到我要討論的正題。我之所以認為整理可以提升一個人的觸覺與嗅覺，是因為完成整理的客戶，最明顯的改變就是選用「令自己心動的材質」。舉例來說，化學纖維材質的衣服會變少，原本收在塑膠袋裡的東西會換成用布質袋子收納。提升怦然心動感受度之後，就會進一步追求物品的觸感（觸覺）與清新的居家空氣（嗅覺）。

我所說的「氣氛」，並不是薰香或線香等營造出的人工香氣。我們的嗅覺可以感知到一些更基本的東西——空氣中的精華，是這些精華塑造了家中的氣氛。以木頭製品為例，就是「令人放鬆、沉靜的感覺」；以鋼鐵製品為例，則是「冰涼、凜然的感覺」；以塑膠製品為例，就像「嘈雜熱鬧的感覺」。物品材質決定了一個家的空氣感，唯有嗅覺才能敏銳感受到其中的差異。

這就是為什麼我對睡衣非常講究。我一定穿純棉或純絲的睡衣，不過純絲睡衣的價格太過昂貴，因此我幾乎都穿純棉睡衣。如今，我幾乎只使用柔軟的有機棉製成的睡衣，這種材質對環境和皮膚都更溫和。

一般人在日常生活中必須一直思考各種事情，只有睡眠期間可以拋開所有雜念，進入放鬆狀態。若想追求生活的舒適性，最正確的做法就是將資源投資在睡眠時間。每當我需要創意發想，或心有煩惱時，一定會在「早上醒來的那一刻」想到好點子或解決對策。或許深度睡眠能喚醒超越其他五種感官的第六感。

睡前瀏覽讓你感到喜悅的剪貼簿

小時候，我曾經夢想抱著最喜歡的相簿或可愛的藝術畫冊，蜷縮在床上。我想像瀏覽裡頭的頁面，喝著花草茶，直到打瞌睡。也許這種畫面是受到我在電影或雜誌上看到的內容的影響。但想實現這個夢想，必須找一本有精美圖片或照片的書，這其實相當困難。我四處尋找了看似適合的選擇，在圖書館翻閱了一些時尚的室內裝潢雜誌，還買了來自其他國家的相簿。

後來，在一次展覽中，我偶然發現了維多利亞女王使用的餐盤圖鑑。翻開書頁時，裡頭令人愉悅的畫面吸引了我──繪有精緻花朵圖案的盤子、蓋子把手設計成小鳥造型的茶壺，以及藍色線條優雅大方、令我心動的多款茶杯陸續映入眼簾。去過那場展覽後，我每次翻頁都能想像那些餐盤，且再次為之陶醉。

但有個問題。美術圖鑑的特性就是又大又重，比一般的字典還重。要是靠坐在床上翻閱圖鑑，被圖鑑壓著的心窩三分鐘後就會開始發痛，根本不可能順利入眠。雖然也可以把圖鑑放在床上，以趴著的姿勢閱讀，但用這個姿勢喝茶，一定會不小心灑出來。我該怎麼做？

我仔細看了圖鑑，發現將近兩百頁的內頁中，超過一半是作品解說，其中還有一半是英文標示，我當時根本看不懂。嚴格來說，所有照片大概只有五、六張讓我心動，真正有感覺的頁面可說是少之又少。

所以，我把令自己怦然心動的幾頁剪下來，再拿出因為喜歡復古巧克力色封面而買的剪貼簿，將剪下來的圖案貼在剪貼簿上，做出來的效果比我想像中還要好。

從那以後，我不斷地從其他書中剪下喜歡的圖片或照片，黏貼到這本剪貼簿裡。我只選擇那些真正令我怦然心動的圖片。例如，如果我喜歡照片中模特兒穿的一雙鞋，我就只剪下這雙鞋。當然，如果這本書狀況很好，可以賣掉或捐出去，就不該用剪刀剪。你喜歡的照片也可以用彩色影印的方式來取得。關鍵是：不要緊抓著不讓你怦然心動的東西。但在告別某一本書之前，請確保你沒有遺漏任何能為你帶來喜悅的圖片（如果整本書都給你帶來喜悅，當然應該留著它）。

如果我在美髮店看雜誌時，有一張照片抓住了我的目光，我會記下雜誌名稱和期刊號碼，然後自己去買一份。就算看了十本雜誌都不一定能找到一張想留下的照片，因此有幸找到令自己心動的照片，是相當難得的緣分。根據我的個人經驗，珍惜每一個微小的心動，就能提高遇見巨大心動的機率。

順帶一提，我的剪貼簿內容是按顏色排列。我需要振奮精神時，會翻到橘色系頁面。我想放鬆時，會看看綠色系頁面。還有一頁專門介紹蛋糕和日本甜點，我想吃甜食時就會看看這些圖片。（這可能是我最常看的一頁！）當一張特定的圖片不再帶給我喜悅時，我會毫不猶豫地撕下來，貼上一張新的。

自從有了這本怦然心動剪貼簿，我終於實現了「晚上靠坐在床上，一邊喝著茶，一邊翻閱自己喜歡的圖片集」的夢想。如果這個想法也吸引你，請考慮投資自己的特別收藏──並時刻睜大眼睛，尋找能為你帶來歡樂的圖像。

「日日練習」改變人生魔法

我每晚睡前都會祈禱。也許「祈禱」這個詞彙太正式了，我只是在心裡表達感激之情。剛開始祈禱的對象是不特定的「神祇、祖先」，後來慢慢變成身邊的事物與親友，逐漸有了具體形象。

現在，我會從身上穿的睡衣開始，依序感謝床、臥室、家，向我周圍的所有事物表達感謝。接下來，我感謝我的丈夫、孩子、父母、兄弟姊妹，兩邊的祖父母、他們的父母，還有我根本不認識的祖先，我會在腦海裡想像以自己為起點的放射狀家譜，一一感謝。這麼做的時候，感激之情會湧上心頭。我非常感謝此刻能在這裡，感受一種更偉大的力量總是在保護我。我的身體會覺得輕盈，不久便能順利入眠。

每晚感恩，無論是寫日記還是躺在床上集中精神，這麼做都能擺脫沉重的煩惱。提醒自己為哪些東西感恩，這能讓你更客觀看待人生，讓你對領受的祝福更加感到喜悅和感激。

練習欣然接受贈禮

懂得送禮哲學的人真令人羨慕，不是嗎？但我完全不懂箇中奧妙，有一段時間甚至從來沒送過任何人禮物。每次一遇到節日就是送賀卡表達心意，如果要送禮物，一定選擇花束、食物等「會消失的物品」。若是送必須永久保存的禮物，萬一不合對方的心意，只會增加收禮者的負擔，而且禮物到最後一定會被丟掉，想來就覺得淒涼。

造成這種「送禮恐懼症」的原因，或許是因為我在客戶家上整理課時，看到許多客戶基於「這是禮物」的理由而捨不得丟的物品，不知道該怎麼處理才好；我還曾親眼目睹因為在送禮者面前丟掉禮物，導致兩人大吵一架的慘劇。

當然，我自己也不會主動增加多餘物品，即使客戶想要送我喜歡的東西，我只會回應：「謝謝你的心意，我心領了。」

我以前的祕書香織小姐，在這方面跟我很相似。她很擅長整理，而且不喜歡增加東西。所以之前她生日時，我都會問她想要什麼，確定之後再送，不然就是送可以換米的提貨券，完全以實用性為主。但這在她訂婚時改變了。我想送一個與過去的禮物截然不同的結婚賀禮，也就是被我列為「令人困擾的不實用禮物第一名」的手作物品。為了避免造成香織小姐的困擾，我與所有工作夥伴一起討論，最後決定做一個愛心造型隔熱手套。我們所有人分工合作，一起買布料、縫製手套雛形、加上刺繡與珠珠等裝飾，做完自己分配到的工作後，再交給下一位。我負責刺繡，沒想到刺繡這麼有趣，幾乎讓我忘記了時間。

我一邊繡著香織小姐最喜歡的話，不禁思索著：一旦開始整理，很容易對增加物品這件事感到罪惡。即使是對自己意義深重的人，也會為了「不想增加對方負擔」，而不敢送「能讓對方感到開心」的禮物。

幾天後，看到香織小姐收到禮物時開心驚喜的表情，更讓我體會到送禮也是一件很好的事。送禮其實是很美好的事情。神奇的是，我也有越來越多機會收到禮物，這也是很美好的事情。每次一提到禮物，大家總會開玩笑說：「妳收到禮物時，會不會一收下來就跟禮物說『謝謝你讓我感受到收禮物的心動感』，然後轉身就將禮物丟掉了？」事實上我根本不會這麼做。或許是因為過去一路走來我都在整理、丟東西，現在的我反而會「充分利用收到的禮物」。

如果我收到的是裝飾品，我會立即展示出來。若是收到肖像畫，我一回到家就會掛在牆上。如果收到點心或茶等食物，我也會在三天內與工作夥伴一起吃掉。上整理課時，如果在客戶家找到從未使用過的禮物，我也會要求客戶拿出來用，當成是下一次上課前的家庭作業。有位客戶每次上課時都會拿出全新的茶具倒茶給我喝，感覺就像在開奢華派對一樣。

有效活用禮物的重點只有三個：「一收到立刻拆封」「從盒子裡取出」「當天開始使用」。

有時客戶也會問我：「要是收到自己不心動的禮物該怎麼辦？」不必擔心。神奇的是，只要確實完成「整理節慶」，之後收到的禮物絕對「都會是令你心動的物品」，幾乎很少有禮物不會讓你心動。就算你收到覺得還好的物品，不妨強迫自己使用看看。各位看到「強迫自己使用看看」這句話會覺得奇怪，但事實上，整理會讓你清楚掌握自己擁有多少物品，以及對物品的喜好。正因如此，你才能從容地「嘗試使用其他物品」，享受與平時不同的風格。

當然，無須永久使用，用了一陣子之後，若是覺得這項物品的責任已經完成了，請果決

丟掉。此時的你不會有罪惡感，還能打從心底感謝它的陪伴。

我承認，我是最近才開始對物品有這種彈性的想法。整理可以磨練我們「從已經擁有的東西中主動選擇想保留哪些東西」的能力。也許我就是因此忽略了「坦然接受別人給予的物品」的能力。自從敞開心胸接受別人的好意之後，生活變得輕鬆許多。

聽起來可能有些誇張，但我覺得善用禮物可以幫助我抓住來到面前的機會，彷彿我在敞開心扉、接受好運。不使用人家費心贈送給我們的禮物，這麼做是一種浪費。與物品的相遇都有其意義。善用得到的禮物，這樣可以讓我們發現一些乍看之下難以發現的意想不到的喜悅。

終章

在現有物品的圍繞下，過著怦然心動的每一天。

K小姐心目中的理想生活是打造出常有親友歡聚的家，想擁有與朋友、家人開心聚餐的時間。相信這也是許多讀者的目標。

「我認識有些人經常邀請朋友去家裡開派對，」K告訴我，「我一直很想辦家庭聚會，可惜從來沒辦過。我平時光是整理都很不容易。」她的整理工作進展很快。在完成文件整理、中途休息的時候，她拿出在附近麵包店買的麵包請我吃。通常上整理課時，我在中間不會休息，所以客戶特意準備點心給我，我真的十分感謝。但可惜的是，麵包就這樣放在塑膠袋裡，飲料也是用寶特瓶裝的市售產品。她告訴我：「來，自己選喜歡喝的口味。」這種做法真的很浪費特地去買的食物，難得可以享受美味餐點的時光，也顯得美中不足。

我心想，雖然還沒完成廚房的整理，但她一定擁有一些令人心動的餐具。在K小姐的允許下，我打開她的餐具櫃，發現櫃子裡明明有許多漂亮的盤子！繪有細緻花朵圖案的雅緻盤子，從櫃子深處大聲吶喊：「選我，選我！」我選了兩個出來使用。

我用烤箱加熱麵包後，將麵包放在盤子上。接著，我將寶特瓶裝的茶飲倒在兩個精美的「江戶切子」玻璃杯裡，K一直沒有把它們從泡桐木盒裡拿出來。結果呢？只花了短短幾分鐘，立刻變身成優雅的下午茶時光。

我想告訴各位的是，只要善加利用家中現有物品，你也可以馬上實現「理想生活」。各位是否誤以為，只有擁有整潔的廚房和精美餐具的人，才能實現「理想生活」？其實不然。只要下一點工夫、發揮一點巧思，再添加一點玩心，任何人都能運用現有物品實現「怦然心動的生活」，還有許多方法可以幫助你立刻享有。

享受每季特有的活動就是其中之一。記得小時候，媽媽很喜歡參加大大小小的慶典活動，因此我們家每個月都會舉辦各種慶祝儀式，不只包括「七夕」之類的日本傳統節慶，也包括其他文化的節日，例如萬聖節，只不過我們是用橘子取代南瓜（在日本，橘子比南瓜更容易買到），在每個房間裡裝飾畫上五官的橘子。在十二月，我們還會在走廊放上聖誕樹，營造聖誕節氣氛。在日本也不容易買到火雞，所以在聖誕夜當天，媽媽會到附近超市買現成的烤雞，綁上可愛的蝴蝶結。

當我想反映季節的裝飾品時，經常在玄關或客廳掛上「手拭い」，這是一種設計精美的傳統日本棉手巾。我沒有裝飾整個房子，而是只將其中一、兩個手巾掛在重要的位置，比如在餐廳裡供家人聚餐時欣賞，或是掛在前廳。雖然我只是用可撕膠帶把這些布黏在牆上，但氣氛完全改變了，彷彿我換了新壁紙。用一條手巾

換掉另一條來表達下一個季節時，會想起我和家人一起做過的許多事情。雖然這只是普通家庭的簡單回憶，對我來說卻是無價之寶。

當我們把家整理好，就會改變我們的生活。對許多人而言，這種變化是戲劇性的。但就算這種變化並不戲劇性，學習如何細細品味生活中的每一刻也很美好。

我希望透過整理的魔法，你的生活和你的家，每天都會令你怦然心動。

後記

在我寫這本書時，迎來了我們的第三個孩子，兒子加入我們的家庭。這是我第一次養育男孩，這也帶來了新的驚喜和挑戰。新家庭成員的加入，使我每天的行程發生了重大變化，現在變得更忙。我們也得到了一些東西，房子的布局也發生了變化，運用時間的方式也有些不同。

我敢肯定的是，隨著生活中的每一個新階段——像是當孩子們長大、升入更高年級，當我們搬去新家，或工作發生變化——我對理想生活的願景、生活方式、在生活中的優先事項，以及我如何開心地運用時間的觀念，也會跟著改變。我在這本書中描述的生活方式，反映了我人生這個特定階段為我帶來喜悅的東西。

人們有時告訴我，那些曾經給他們帶來喜悅的事物已經不再有這種效果。這其實很正常。哪些東西令你怦然心動，這是會改變的。重要的是，每次在產生這種變化時，查看是什麼帶給你喜悅。在生命中的每一刻，請觀察哪些東西令你怦然心動，並能與所愛的人度過每一天而心懷喜悅。如果這本書能幫助你做到這一點，將是我最大的幸福。

帶著喜悅和感激

近藤麻理惠

你的理想生活方式工作表

自我反省是整理過程的關鍵部分。整理可以幫助你發現什麼對你而言是重要的、你在生活中真正珍視什麼——而正是這種知識能防止你重返混亂的生活方式。接下來的幾頁，將幫助你在進行整理節慶時反思和發現自己。

拿起你最喜歡的筆記本，開始記下關於「你的理想生活方式」的想法、在整理時注意到的事情，以及過程中體驗到的變化。很多人用電腦或手機做筆記，但我建議親手把東西寫下來。用手寫，會比打字更容易組織想法，以及看清楚事物。

例如，我通常會記下某一天令我怦然心動的事物或突來的想法。這個習慣幫助我確定什麼活動帶來最大的快樂，什麼樣的財物帶給我滿足感。

整理是自我反省和自我發現的絕佳機會。請使用以下工作表來接觸你的內心，創造整潔的家，實現理想的生活方式。為了讓整個過程更容易，我在這裡也概述了所有必要的步驟。

想像你理想的早晨

寫下理想的早晨行程表，從你醒來的那一刻開始，一直到你出門或開始一天的工作。你想做的第一件事是什麼？請明確地寫下來。想像自己實際在做每一項活動，比如喝杯茶放鬆一下，或用吸塵器吸地。然後想像一下你需要做什麼、你的家需要處於什麼狀態才能讓這畫面成真。你會意識到收拾整理有多麼重要！

寫下你需要做什麼來實現理想早晨，比如「清理地板，以便做伸展運動」。

如果你在家工作，或你是家中的主要照顧者或家庭主婦／主夫，那麼早上的這段時間是從起床到開始工作或任務為止。如果要出門工作或上學，那麼這段時間是從起床到走出家門為止。

請納入一個令你開心的活動，好開始美好的一天。寫得越明確越好。寫下細節，會讓理想更容易實現。

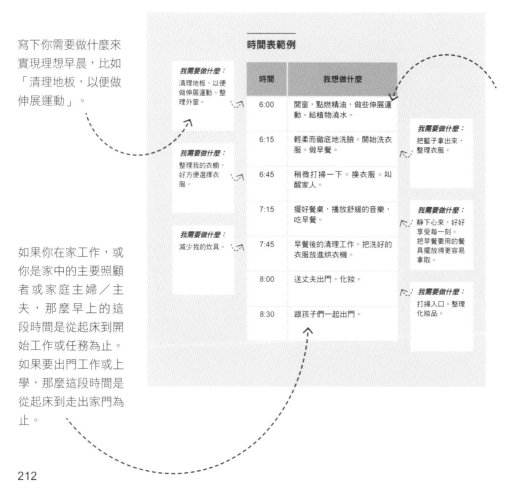

時間表範例

我需要做什麼：
清理地板，以便做伸展運動。整理外窗。

我需要做什麼：
整理我的衣櫥，好方便選擇衣服。

我需要做什麼：
減少我的炊具。

時間	我想做什麼
6:00	開窗，點燃精油，做些伸展運動。給植物澆水。
6:15	輕柔而徹底地洗臉。開始洗衣服。做早餐。
6:45	稍微打掃一下。換衣服。叫醒家人。
7:15	擺好餐桌，播放舒緩的音樂，吃早餐。
7:45	早餐後的清理工作。把洗好的衣服放進烘衣機。
8:00	送丈夫出門。化妝。
8:30	跟孩子們一起出門。

我需要做什麼：
把籃子拿出來，整理衣服。

我需要做什麼：
靜下心來，好好享受每一刻。把早餐要用的餐具擺放得更容易拿取。

我需要做什麼：
打掃入口。整理化妝品。

如何度過我理想的早晨

時間	我想做什麼

我需要做什麼：

我需要做什麼：

我需要做什麼：

我需要做什麼：

我需要做什麼：

我需要做什麼：

我需要做什麼：

我需要做什麼：

想像你理想的一天

就像安排理想的早晨一樣，請為如何度過你的一天安排理想的時間表。想想你能如何創造達成這種理想的所需條件，例如聽Podcast節目讓自己平靜下來，或是在通勤期間使用有聲書來學習新的語言或技能。請務必留出時間照顧自己和追求個人興趣，像是散步或運動、見朋友、接孩子、跟孩子一起玩、做家務，購物和整理。透過這個過程，你會清楚地確定自己想做什麼、需要做什麼，進而輕鬆又自然地找到時間來激發喜悅。

在腦海中看到一天的流程，寫下你在出門或開始一項任務之前需要做哪些事。這會讓你在白天有更多的空閒時間。

請務必在行程中加入快樂的時刻（像是和家人在一起），這樣就能有意識地把注意力集中於如何騰出時間來激發喜悅。

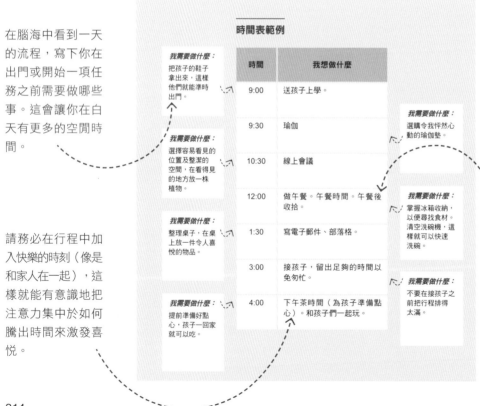

寫下什麼時候開始做午餐或打掃環境之類的細節。這能幫你了解需要做什麼，才能為想做的事騰出時間。

如何度過我理想的一天

時間	我想做什麼

我需要做什麼：

我需要做什麼：

我需要做什麼：

我需要做什麼：

我需要做什麼：

我需要做什麼：

我需要做什麼：

想像你理想的夜晚

想想你下班、上學或出差回家後，打發時間的理想方式，一直到上床睡覺為止。你如何度過一天中的這段時間，會影響睡眠品質，以及第二天早上醒來的感覺。這就是為什麼我們應該仔細考慮如何避免過度刺激，組織生活環境以獲得最好的放鬆，創造能讓我們放鬆的時間和空間。

想像一下，你需要什麼樣的環境才能感到輕鬆和解脫。這將幫助你確定需要做些什麼來實現理想的夜晚，例如「保持桌子整潔」。

臨睡前，把思緒集中在對家人和所有與你親近的人的感激之情上，以及對那一天的感激之情。這能重置心靈和思想，好讓你醒來時神清氣爽。

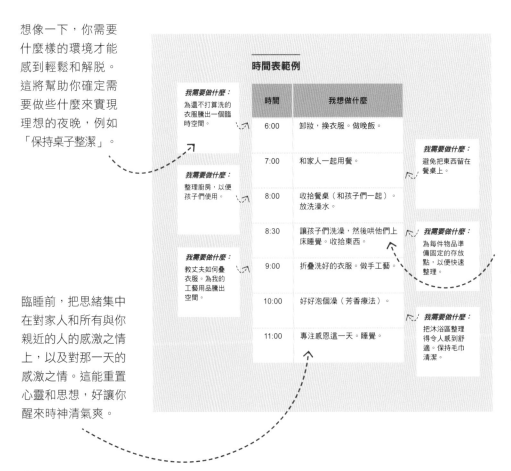

時間表範例

我需要做什麼：
為還不打算洗的衣服騰出一個臨時空間。

我需要做什麼：
整理廚房，以便孩子們使用。

我需要做什麼：
教丈夫如何疊衣服。為我的工藝用品騰出空間。

時間	我想做什麼
6:00	卸妝，換衣服。做晚飯。
7:00	和家人一起用餐。
8:00	收拾餐桌（和孩子們一起）。放洗澡水。
8:30	讓孩子們洗澡，然後哄他們上床睡覺。收拾東西。
9:00	折疊洗好的衣服。做手工藝。
10:00	好好泡個澡（芳香療法）。
11:00	專注感恩這一天。睡覺。

我需要做什麼：
避免把東西留在餐桌上。

我需要做什麼：
為每件物品準備固定的存放點，以便快速整理。

我需要做什麼：
把沐浴區整理得令人感到舒適。保持毛巾清潔。

想像一下你想做什麼來為第二天做準備，並確保你從回家到睡覺的這段時間裡好好休息。晚上不要安排太多事情。

如何度過我理想的夜晚

時間	我想做什麼

我需要做什麼：

我需要做什麼：

我需要做什麼：

我需要做什麼：

我需要做什麼：

我需要做什麼：

我需要做什麼：

度過一個
輕鬆的夜晚

謝辭

非常感謝所有為這本書提供幫助的人,包括從規畫階段就參與其中的開發編輯麗莎‧威斯特摩蘭;「十倍速出版社」的編輯茱莉‧貝內特與藝術總監貝希‧斯特羅姆伯格;我的經紀人尼爾‧古多維茲;感謝石橋智子在日文手稿方面的編輯合作;Outset團隊的精美攝影作品;感謝莉安‧希卓大方地讓我們在她華麗的家中拍攝其中一張照片;感謝平野凱西翻譯原稿。大力感謝天野凱伊的嫻熟協調、長時間的支持和熱忱。

最後,衷心感謝你選擇這本書。

祝你生活的每一天都令你怦然心動!

Eurasian Publishing Group 圓神出版事業機構　方智出版社 Fine Press

www.booklife.com.tw

reader@mail.eurasian.com.tw

方智好讀 155

學會整理，就會喜歡自己：麻理惠的怦然心動居家生活

Marie Kondo's Kurashi at Home: How to Organize Your Space and Achieve Your Ideal Life

作　　者／近藤麻理惠
譯　　者／甘鎮隴
攝　　影／娜斯塔西雅‧布洛金（Nastassia Brückin）、泰絲‧康瑞（Tess Comrie）
發 行 人／簡志忠
出 版 者／方智出版社股份有限公司
地　　址／臺北市南京東路四段 50 號 6 樓之 1
電　　話／（02）2579-6600‧2579-8800‧2570-3939
傳　　真／（02）2579-0338‧2577-3220‧2570-3636
副 社 長／陳秋月
副總編輯／賴良珠
主　　編／黃淑雲
責任編輯／陳孟君
校　　對／陳孟君‧胡靜佳
美術編輯／林雅錚
行銷企畫／陳禹伶‧鄭曉薇
印務統籌／劉鳳剛‧高榮祥
監　　印／高榮祥
排　　版／莊寶鈴
經 銷 商／叩應股份有限公司
郵撥帳號／18707239
法律顧問／圓神出版事業機構法律顧問　蕭雄淋律師
印　　刷／國碩印前科技股份有限公司
2023 年 1 月　初版
2023 年 8 月　6 刷

定價 450 元　　　　ISBN 978-986-175-722-3

整理環境，是一個能讓你專心「面對自己」的大好機會。

——《麻理惠的怦然心動筆記》

◆ **很喜歡這本書，很想要分享**

圓神書活網線上提供團購優惠，
或洽讀者服務部 02-2579-6600。

◆ **美好生活的提案家，期待為您服務**

圓神書活網 www.Booklife.com.tw
非會員歡迎體驗優惠，會員獨享累計福利！

國家圖書館出版品預行編目資料

學會整理，就會喜歡自己：麻理惠的怦然心動居家生活／近藤麻理惠作；甘鎮隴譯. -- 初版. -- 臺北市：方智出版社股份有限公司，2023.01
228面；19.8×20.8公分 --（方智好讀；155）
譯自：Marie Kondo's Kurashi at home : how to organize your space and achieve your ideal life

ISBN 978-986-175-722-3（平裝）
1.CST：家政 2.CST：家庭佈置

420   111018902